JN056193

地理的表示の
保護制度の創設
どのように政策は決定されたのか

Establishment of Geographical Indication Protection System:
How was the Policy Decided ?

内藤 恵久 著

本書は、「地理的表示の保護制度の創設―どのように政策は決定
されたのか―」（農林水産政策研究叢書 第13号）の出版許可を得て、
出版したものである。

筑波書房

序　文

　世界各地には，地域の自然環境等の特徴を活かし，また長年培われた特別の生産方法などによって，高い品質と評価を獲得した産品（パルマハム，シャンパンなど）が多く存在している。このように，産品に特別の品質等の特性があり，その特性と産品の地理的原産地が結びついている場合に，その原産地を特定できる地域産品の名称が，「地理的表示（GI）」と呼ばれている。

　フランスをはじめヨーロッパでは，この地理的表示を保護する仕組みが古くから設けられ，EU では 1992 年導入の品質保証を重視した共通の保護制度により，農産物等の付加価値向上を通じて，農業の振興や農山漁村の活性化に成果をあげてきている。

　我が国の農山漁村にも多くの特色ある地域産品が存在するが，EU とは異なり，農産物・食品全体を対象とする地理的表示保護制度の導入は遅れた。2004 年に農林水産省は，地理的表示を保護する特別な制度を検討したが制度化は実現せず，特許庁が立案した「地域団体商標制度」が創設された。その 10 年後，農業振興を図るための仕組みとして，地理的表示保護制度の創設が再度検討され，農林水産省と特許庁の調整を経て，2014 年に保護制度が創設された。

　制度創設以降，これまで 100 を超える産品の名称が登録されている。我が国でも，産品の付加価値向上や農山漁村の活性化に効果を上げることが期待されており，「食料・農業・農村基本計画」等においても，その積極的な活用の方向が示されている。

　本書は，この「地理的表示保護制度」を事例として，制度創設の際の省庁間調整に着目して政策決定の要因を分析するとともに，この制度の新しい政策手段としての意義や政策実施上の課題を分析したものである。

　具体的には，まず，分析を行う前提として，地理的表示保護とはどういうものであるかについて，特別な仕組みによる保護を行う EU と一般的な商標制度の中で地理的名称の保護を行う米国の保護制度の違いを分析し，地域環境に

由来する特性というテロワールの考え方と，行政関与の品質保証・情報提供という二つの要素を抽出している。

次に，政策決定の要因については，政策決定の成否を分けるのは何かという問題意識のもと，2004 年の制度創設に失敗した政策決定過程と，2014 年の制度創設に至る政策決定過程を，省庁間調整を中心に分析している。省庁間調整については，セクショナリズムの観点から分析されることが多いが，本書では，先行研究も踏まえて，アイディアをめぐる相互作用の観点から分析し，公的主体が関与した品質保証による付加価値向上を図るという政策アイディア（＝特別な保護制度による地理的表示保護のアイディア）が果たした役割等を明らかにしようとしている。

また，政策手段としての地理的表示保護については，農政の政策変化の一環としてとらえられることを示すとともに，消費者に情報を伝えることによって行動を促す「情報」の政策手段としての位置付け，特徴等を整理している。さらに，地理的表示保護制度の実施に関して，登録の現状や制度に対する期待・効果等を整理するとともに，制度をより効果的に活用する上での課題等を整理している。

このように，本書は，地理的表示保護制度創設の政策過程を明らかにするとともに，これを事例として，政治争点化しにくい専門的分野の政策形成において省庁間の調整がどのような意味を持つのかを明らかにすることを試みたものである。また，地理的表示保護制度の実施面での課題等を示すとともに，農政の中で「情報」という新しい政策手段としての意義を明らかにすることも意図している。

本書が，地理的表示保護制度に関心を持つ方々のみならず，我が国における政策決定や政策手段の在り方に関心を持つ方々にとっても，今後の検討・研究の一助となれば幸いである。

2022 年 3 月

農林水産政策研究所

目　　次

（農林水産政策研究叢書　第13号）

地理的表示の保護制度の創設
－どのように政策は決定されたのか－

Establishment of Geographical Indication Protection System:
How was the Policy Decided?

（本書は，筆者が，2020年3月に政策研究大学院大学に提出した博士論文「農産物・食品の地理的表示－省庁間調整による政策決定と新しい政策手段としての意義－」に加筆修正を行ったものである。）

第1章　はじめに

1．テーマと問題意識⁽¹⁾

　我が国の農山漁村には，地域の特徴を活かし，また長年培われた特別の生産方法などによって，高い品質と評価を獲得した産品（夕張メロン，神戸牛など）が多く存在している。このような産品に対する高い評価は，気象や土壌等の地域環境に合わせた品種の選定・維持，その環境に適合した独特のノウハウによる生産，出荷前の品質確認など，その地域の生産者の長年の努力の結果生じたものであるが，評価が高まるほどその評価にただ乗りしようとする者が現れがちである⁽²⁾。こういったフリーライダーは，他産地の類似産品の生産者だけでなく，同一産地内で期待される品質を満たさない産品の生産者の場合もある。このような事態の発生は，その産品の評価の確立に努力してきた生産者に帰すべき利益を害することになる。さらに，本来の品質を満たさない産品が提供されることにより，そのブランドの名称を信じて高い品質を期待した消費者の利益を害し，また，評価の低下を通じてブランドの価値を低下させることになる。

　このような事態が生じないよう，ヨーロッパでは，地域独自の特性を持つ産品の名称を保護する「地理的表示保護制度」が古くから設けられてきた。この「地理的表示」は，原産地の特徴と結びついた特有の品質や社会的評価等の特性を備えている産品について，その原産地を特定する表示であり，著名な例としては，パルマハム，シャンパン等があげられる。同制度は，農産物・食品の地域ブランドである地理的表示を保護することにより，農産物等の付加価値を向上させ，農業の振興と農山漁村の活性化を図ることを目的とする。フランスでは，20世紀初頭からワインの地理的表示を保護する仕組みが設けられ，そ

の後チーズ等の農産物・食品にも対象が拡大された。フランス以外でも，イタリア，スペイン等複数の国で地理的表示保護制度が設けられ，1992年にはEU共通の保護制度が創設されるに至った。現在では，農産物・食品で約1,400の地理的表示産品が登録され，価格の上昇等に一定の効果を上げている。このEUの制度は，単に名称を保護する仕組みではなく，保護対象となる産品の品質等の基準を定めその内容を保証し，情報を伝達することにより，消費者の評価を通じて，付加価値を高める仕組みである。EUにおいて，地理的表示保護制度をはじめとする品質政策は，輸出面を含めて重要な農業戦略の一つ[3]となっている。

　国際的には，WTOの設立協定の一部であり，1995年に発効したTRIPS協定（知的所有権の貿易関連の側面に関する協定）が，「地理的表示」を地理的所有権の一つとして保護することを定めるとともに，加盟国が従うべき保護ルールを定めている。このような国際ルールが定められる中で，EU以外の多くの国においても，地理的表示を保護する特別な制度が設けられてきた。近隣諸国においても，韓国では1996年に，中国では2005年に，特別な保護制度が導入されている。

　一方，我が国の状況を見ると，EUでは1990年代初頭に統一的な保護ルールが定められ，同年代半ばには国際的に一定のルールが定められたにもかかわらず，EUと同様に地域に多様な産品を有する我が国で，農産物・食品全体を対象とする地理的表示保護制度の導入は遅れた。2004年になって，政府の方針として，産品・製品等の競争力強化や地域の活性化等の観点から，農林水産物等の地域ブランドの保護政策が検討されることになったが，この際，農林水産省は，EUの保護制度も参考に，地理的表示を保護する特別の制度の立案を検討した。しかし，農林水産省が検討した案は特許庁から反発を受け，準備不足の問題もあって，制度創設は実現しなかった。農林水産省の断念を受けて，特許庁は，地域ブランド保護を容易にするための商標法改正を検討し，2005年に「地域団体商標制度」を創設した。ただし，同制度は，産品の品質保証の仕組みを講じておらず，付加価値向上という観点からみると，必ずしも十分な

ものではなかった。

　その後，2012 年になって，再度，農業振興を図るための仕組みとして，地理的表示保護制度の創設が検討された。この検討の際の農林水産省と特許庁の調整においては，時間を要したものの，2004 年とは異なり，最終的に両省庁間の合意が整い，2014 年に地理的表示を保護する特別な制度が創設された。創設された内容は，EU の制度にかなり類似し，品質保証の仕組みを含むものであるが，品質保証の具体的な方法や商標との関係などの重要な点では EU の制度と差異のあるものとなった。

　本書では，この地理的表示保護制度について，次の点に注目して分析を行う。

　第 1 に，省庁の政策領域が重複した場合の，政策に関わる省庁間調整に着目する。大きな問題意識は，当初，制度化の必要性が認識されていたものの，農林水産省と特許庁の調整が整わず制度化に失敗する一方，10 年後には，特許庁の地域ブランド保護政策が存在したにもかかわらず，省庁間調整が整い制度化に成功したのはなぜかという点である。あわせて，EU の制度にならって制度を導入したにもかかわらず，なぜ重要な点で内容に違いが生じたかの点も考察する。

　第 2 に，省庁間調整の結果創設された地理的表示保護制度について，政策手段としての内容に着目する。農業振興政策においては，これまで，主に補助金などの経済的支援措置及び農地制度等の規制を通じ，規模拡大による生産性の向上等が図られてきた。このような中で，地域由来の特性を持つブランドの名称を，品質保証の仕組みを設けつつ保護する地理的表示保護制度が，政策手段としてどのような意義を持つのか，より効果的な政策実施を図る上での課題は何か等について考察する。

　本書では，地理的表示保護制度の創設を取り上げたが，この事例に着目することで，次のような意味を見いだすことができる。第 1 に，地理的表示保護制度の創設という単一の案件について，当初は制度化に失敗し，10 年の期間を経て制度化に成功していることから，制度化失敗と制度化成功という二つの事

例の比較により，何が省庁間調整による政策決定の要因となったかを探ること
が可能である。この事例は，法制度の創設に関する調整という，アドホックな
性格の強い調整が複数回あり，調整による結果が異なる点で興味深い事例と考
えられる。第2に，制度の内容は，保護の方式という専門的・技術的な問題で
あり，いずれの方式にせよ保護はされること，また，制度創設が直ちに関係事
業者の利益・不利益に直結する問題ではないため，政治家や関係事業者の関心
が薄い分野である[4]。このため，むしろ行政組織間の相互作用が捉えやすい。
一方，知的財産に関する権利保護，規制を内容とすることから，法制度面から
の十分な検討が必要とされ，内閣法制局との調整の影響が大きい分野である。
このため，政策に関わる省庁間調整に関し，対等な両省庁間の省庁間調整と一
定の垂直関係のある省庁間調整に関する分析の双方を行うことができる。第3
に，地理的表示保護については EU 等の保護の考え方と米国等の保護の考え
方が対立しており，それぞれが自らの考え方を広げようとしていることから，
国際的な状況の影響も考慮した分析が可能である。

2．先行研究の整理

2－1．省庁間調整による政策決定過程に関連する先行研究

　ここでは，省庁間調整による政策決定過程に関連する先行研究として，①地
域団体商標制度及び地理的表示保護制度の政策決定過程に関する研究，②我が
国における官庁セクショナリズム等に関する研究，③組織の特徴に注目した政
策決定に関する研究，④アイディアや言説による政策変化等に関する研究，の
四つの分野の研究を取り上げる。まず，地域団体商標制度及び地理的表示保護
制度を直接の対象として，その政策決定過程がどのように分析・理解されてい
るかを整理する。次に，本書の主要テーマとする省庁間調整に関連して，我が
国における官庁セクショナリズムについて要因や帰結，その対応等を分析した
研究を整理するとともに，セクショナリズムの背景とも考えられる組織の特徴
に注目した政策決定に関する研究を取り上げる。さらに，地理的表示保護につ

いては，当初の制度創設断念から制度創設に至るという政策変化があったことに関し，政策変化をもたらす要因の一つとしてのアイディア等に関する研究について整理する。

（1）地域団体商標制度及び地理的表示保護制度の政策決定過程に関する研究

1）2004 年の地理的表示保護制度の検討及び 2005 年の地域団体商標制度創設の政策決定過程に関する研究

まず，2004 年の地理的表示保護制度の検討及び 2005 年の地域団体商標制度創設の政策決定過程に関する先行研究等について整理する。地域団体商標制度の創設の趣旨・過程に関し，立法担当者の立場からは，「知的財産推進計画2004」に基づき，産業構造審議会知的財産政策部会でまとめられた報告書等を踏まえ，地域ブランドのより適切な保護を図るため，商標法改正案を提出したとしている[5]（特許庁総務部総務課制度改正審議室，2005：1-2）。ここでは，地域ブランドに対する期待が急速に高まる中で，従来の商標法では全国的に広く知られている場合等を除き登録が認められず，発展段階におけるブランド保護に必ずしも適切な制度となっていないとの認識の下，産業振興を図る目的から，改正が検討されたとされている。

この改正案の提出に関し，今村哲也は，既存の団体商標制度の運用で足りるとの見方もあったが，結論としては新制度の対応という形で落ち着いたとし，1996 年の団体商標制度導入の際，地域名称を含んだ商標の登録の緩和を否定した経緯があったにもかかわらず，地域団体商標制度を導入したことについては，知的財産推進計画が年度計画として地域ブランド化の在り方を検討することを提示したこと等の調整の中から生じた妥協的アプローチであると指摘している（今村，2005：1707）。また，地理的表示保護制度との関係は，同制度と商標制度は相互に排他的な制度でないとした上で，地理的表示制度を所管することになる農林水産省と商標制度を所管する経済産業省，そして知的財産戦略本部との政策調整によって，地域団体商標制度を導入する方向に落ち着いたと

いう背景もあると思われるとしている（今村，2005：1708）。

　一方，関根佳恵は，特許庁との調整が難航したことによって，地理的表示保護制度が導入されなかったとする（関根，2015：64-65）。関根は，日本での地理的表示保護制度の導入経緯について整理しているが，2004年前後の検討状況に関し，農林水産省へのインタビューに基づき，2004年頃，同省が法案を作成していたが，調整が難航し，先に特許庁が主導する地域団体商標制度が誕生したため，法案の提出を断念した経緯があるとしている。また，日本として農産物等の自由化に対応するための有効な手段として地理的表示制度を位置付けていたものの，商標権による地理的表示規制を主張する米国に配慮し，商標制度にのっとった地域団体商標制度を導入したと考えられると指摘している。

　このような先行研究は，農林水産省及び特許庁の調整の問題があったことを指摘しているが，その過程の詳細は分析されておらず，どのような経緯・理由により，農林水産省が地理的表示の保護制度の創設を断念し，また特許庁が以前否定していた内容の地域団体商標制度を創設することとなったのかについては，十分な分析はされていない。

2）2014年の地理的表示保護制度創設の政策決定過程に関する研究

　次に，2014年の地理的表示保護制度創設の政策決定過程に関する先行研究等について整理する。地理的表示保護制度の創設の趣旨に関し，立法担当者の立場からは，国内的要請として，ブランド価値を守り農林水産業・農山漁村の活力を取り戻す必要があること，国際的要請として，TRIP協定で知的財産として保護されEUをはじめとして広く保護されていること，経済連携協定で地理的表示に関する取決を行う例が増加しておりこれに対応できるようにしておく必要があること等が指摘されている[6]（朝日，2015：31-32）。このほか，地理的表示保護制度創設の趣旨・経緯については，高品質食品の生産支援や消費者保護（荒木，2014：60），地理的表示保護制度を導入する国の増加，EUとの間の経済連携協定交渉の促進，TPP発効に備えた国内農業の国際競争力

強化（関根，2015：65）といった制度創設の趣旨を指摘する研究や，食料・農業・農村基本計画，食と農林漁業の再生推進本部の決定等の内容や地理的表示保護制度研究会の議論を踏まえて，制度が創設された経緯を指摘する研究（今村，2016：51-52）がある。

　これらの研究においては，制度創設の国内的・国際的な背景や，制度創設に至るまでにどのような決定がされてきたかの経緯は示されているが，農林水産省と特許庁との調整の過程や，検討過程での政策案の変遷の状況について分析している研究は見当たらない。このため，1）のとおり，2004年の政策過程の詳細が分析されていないこともあり，当初，地理的表示保護制度の創設に失敗した一方，10年後には，特許庁の地域ブランド保護政策が存在したにもかかわらず，省庁間調整が整い制度化に成功したのはなぜかという点については，十分には明らかにされていない。

（2）我が国における官庁セクショナリズム等に関する研究

　本書の主要なテーマは，省庁間の対立・調整の中で，どのように政策の決定が行われるかについてであるが，これに関連して，我が国の官庁セクショナリズム，省庁間調整に関する多くの先行研究がある。

　辻清明は，『行政学概論（上巻）』において，日本の官僚制の伝統的特色について，①外見上の階統制を持ちながら，実態的には強い割拠性を内在せしめている組織面の独特の階統制，②明治期からの特権的性格が残存している行動形態の様式，③意思決定過程における稟議制と呼ばれる我が国独自の運営方式[7]，の3点をあげた（辻，1966：97-122）。そして，『新版日本官僚制の研究』において，階統制は組織の頂点にある長官・上級官吏の決定・命令が，そのまま組織の末端まで到達するピラミッド的な体系であるとした上で，我が国では，個々の行政機関における家族制的共同体の関係に支えられ，稟議制によって，命令の系統が逆方向に流れているとする（辻，1969：163-164）。さらに，我が国のセクショナリズムの原因として，明治期以来の歴史的な割拠性について述べた上で，この稟議制を主要な要因の一つと指摘している。

　村松岐夫は，『日本の行政』において，日本の行政システムを行政リソースの「最大動員のシステム」と捉え，省庁ごとに行政リソースの最大動員が行われるため展開される権限と管轄をめぐる激しい省庁間競争を，「セクショナリズム」とした（村松，1994：30）。ここでは，セクショナリズムを，欧米の政策に追いつくという国家目標を持った日本が，少ないリソースで実現しようとする最大動員がもたらした逆機能現象とし，目的達成後逆機能的になった指摘する一方，単に省庁間の無意味な対立だけを意味するのではなく，活力ある対立状況を含んでいると指摘している[8]（村松，1994：27，36）。また，省間の争いの決着は，政党の関与によってつけるほかはないとも述べている（村松，1994：136）。

　なお，このような省庁間の調整の困難さに関し，国際間の外交交渉にも似た独立対等者間の折衝になり，調整・妥協は容易に成立しない（西尾，2001：315），官僚制が相互の利益調整のための強力な機関を持たず，利害の対立が起きた場合に著しく調整機能を欠く（猪口・岩井，1987：22）といった見解は，セクショナリズムについて広く見られた見解であった。

　セクショナリズムについて，歴史過程，政治過程，組織過程の幅広い観点から分析を行ったものとして，今村都南雄の『官庁セクショナリズム』がある。セクショナリズムの歴史過程については，明治以降の日本官僚制の成り立ちを政治的多元性と行政的分立制の観点から分析するとともに，戦後も，主任の大臣による分担管理という仕組みにより，各省分立体制が引き継がれたことを指摘している。また，政治過程からは，セクショナリズムの観察の診断のための分析モデルを整理した上で，郵政省と通産省の間のVAN戦争や容器包装リサイクル法の成立過程などの具体的事例の分析を行っている。このうち，VAN戦争については最終的に政権政党による政治的な決着にゆだねざるをえなかったとする一方[9]，容器包装リサイクル法については内閣官房の調整力の発揮によって解決がもたらされたと指摘しているが（今村，2006：136-138），いずれも対立当事者以外の調整により解決が図られた内容となっている[10]。組織過程からは，縦割りの組織編成とそれに伴う調整メカニズムの問題が分析される

とともに，省庁間紛争に対する組織的対応が分析されている。これらを踏まえ，セクショナリズムへの対応指針を検討する上での留意点として，セクショナリズムを組織の生理に根ざした現象としてとらえ，紛争の発生が当たり前のこととみなす考え方に変換すべきこと，組織管理的見地からは紛争の発生を制御し，病理現象への転化を防ぐための「紛争マネジメント」の視点の導入が必要であること，行政官僚制外部の市民社会の関与が求められていることを指摘している（今村，2006：209-229）。

　省庁間調整に注目して，重層的な調整による政策形成を分析したのが，牧原出の『行政改革と調整のシステム』である。牧原は，行政改革について，「調整」の観点から分析し，日本の行政における「調整」の「ドクトリン」[11]の骨格が，内閣レヴェルの「総合調整」の「ドクトリン」と，省間調整に関する「ドクトリン」の二つによって構成されてきたことを指摘する。牧原は，日本の行政改革に関する諸問機関の審議と報告書から「調整」のドクトリンを抽出した上で，日本の行政における「調整」の二つのドクトリンについて，戦前の形成過程と戦後の変容過程を分析している。この中で，合意形成の観点に立って，二省間レヴェルを起点に，「総合調整」を担う省庁と各省，内閣の補助部局と各省など，幾重にも合意を形成し直す過程，いいかえれば，「調整」の「調整」という重層性が，戦後日本の行政における「調整」活動の特徴と指摘している（牧原，2009：183）。また，二省間調整は，解決不能な「セクショナリズム」ではなく，合意形成が進行した場であり，その上でもなお解決できない一部のケースこそが「セクショナリズム」であるとし（牧原，2009：182），このような二省間調整の例として，ルール形成に向けた長期・多角的な調整が行われてきた水利使用をめぐる建設省と農林水産省の調整を分析している（牧原，2009：228-239）。さらに，近年の変化として，2001年の改革以降，官邸による「総合調整」の「総合調整」機能が強化された一方，財務省や内閣法制局による「二省間調整」の「総合調整」が劣化する中で[12]，官邸による「総合調整」の「総合調整」が十分に機能してないことを指摘し，「二省間調整」の「総合調整」の活性化を提言している（牧原，2009：260-263）。

　知的財産に関する法案をめぐる紛争について，二省庁間の調整により合意に至った過程に関し，京俊介は，『著作権法改正の政治学：戦略的相互作用と政策帰結』等において，コンピュータ・プログラム保護をめぐる通産省と文化庁の紛争を分析している（京，2009；京，2011：101-117）。京は，文化庁（著作権課）の行動目的を著作権法に関する法的整合性とし，通産省の行動目的をリソース拡大とする。そして，プログラム保護に管轄を拡大しようとする通産省との紛争が生じたが，二つの官庁の目的が異なっていたため，プログラムを著作権法の対象とするという文化庁が譲れない政策帰結を維持しながらも，通産省がプログラムの法的保護に外郭団体を通じて関与するという，両者の主張を一定程度成り立たせる方法が存在したことから[13]，対立が収束に向かったとする。この京の指摘は，法的整合性という，省庁の行動原理として指摘されることの多い所掌権限の拡大等[14]でない行動原理を明らかにしている点で，著作権と同様に知的財産である商標権を所管する特許庁の行動原理や地理的表示保護に関する政策過程を分析する上で参考になるものである。

　先行研究では様々な態様の省庁間調整が分析されているが，城山英明は，省庁間調整について，類型化して考察する必要性を指摘している（城山，1999：82-83）。城山は，類型化の次元として，第1に，アドホックなものと定型化されているものをあげ，前者の例として新規の課題をめぐる管轄競争を，後者の例として予算編成，内閣法制局審査，河川協議等をあげる。第2に水平的性格が強いものと一定の垂直関係が埋め込まれているものをあげ，前者の例として新規の課題をめぐる法案作成をめぐるアドホックな調整等を，後者の例として予算編成や最終決定を行う者が決められている河川協議をあげる。第3に，関係者が相互に直接調整を行う場合と，ある種の第三者が関係者とバイラテラルに調整を行い仲裁的に結論を出す場合をあげ，前者の例として法案をめぐる調整を，後者の例として予算編成をあげる。この類型化に照らせば，地理的表示保護制度をめぐる農林水産省と特許庁の調整は，アドホックで，水平的性格が強く，関係者が相互に直接調整を行う場合となる。なお，法案担当省庁と内閣法制局との調整は，一定の垂直関係が埋め込まれた調整と考えられる。

　以上のように，二省間調整については，解決不能な「セクショナリズム」と捉える見解がある一方，合意形成が進行する場であり，解決できない一部のケースが「セクショナリズム」であると捉える見解がある。二省間調整を起点とした調整の積重ねによる合意形成の過程から捉える見解でも，二省間調整において合意が形成される過程，特に，二省間での合意が比較的難しいと思われる，アドホックで，水平的性格が強く，関係者が相互に直接調整を行う場合について，必ずしも十分な研究は蓄積されていないと考えられる[15]。

　また，セクショナリズムの要因として，歴史的な過程とともに，意思決定を行う組織の特徴に注目する必要があることが示唆される。このため，（3）では，組織の特徴に注目した政策決定に関する先行研究を整理する。

（3）組織の特徴に注目した政策決定等に関する研究

　組織と調整・紛争に関して，西尾勝は，これまでの先行研究を幅広く検討し，その内容を整理している（西尾，1990：86-94）。西尾によれば，古典的組織理論においては，横断的な相互依存とこれに伴う紛争は，指揮命令系統に基づく上位者による一元的調整によって解決されるべき問題として処理されたとされる。一方，現代組織理論においては，縦の権限関係よりも，組織内の相互交渉関係が注目され，サイモンとマーチは，組織による分業により，下位組織に下位目標が設定され，下位目標達成のためのコミュニケーション回路の限定を通じた視野の限定が下位目標への固執を増幅し，これが紛争の根本原因であると指摘したとされる。さらに，組織内紛争一般のモデル構築の先駆けとして，トムソンは，紛争の型について，職務の分業体系に由来する資源・報奨配分の問題，組織成員の社会文化的差異に由来する潜在的役割の顕在化の問題，事業環境に由来する圧力競合の問題の3種類を設定したとされる。

　組織の特徴に注目した政策決定モデル等を示すのが，G・アリソンとP・ゼリコウの『決定の本質　キューバ・ミサイル危機の分析　第2版 I・II』である。ここでは，キューバ危機に関する政策決定を三つのモデルを用いて分析しているが，このうち，組織の特徴に注目した決定モデルとして組織行動モデ

ルを示している[16]。同モデルは，政府を複数の組織から構成されるものと捉え，それぞれの組織が標準作業手続に従って行動した成果としての政府行動を分析するものであるが，政府を構成する組織の特徴として，責任を有する問題の範囲が限られているために，独特な考えを助長する環境が生まれ，極めて特徴的な組織文化が育てられること，組織活動の目的は許容範囲内とする成果の規定に合致することであり，行動は標準作業手続により行われ，この手続は変更されにくいこと等が指摘されている（アリソン・ゼリコウ，2016：I 359-376）。また，一般的な命題として，組織の優先順位が組織的実行を具体化すること，組織行動の方向性は直進的で，限られた柔軟性と漸進的な変化を示し，（t）時点における行動は（t－1）時点とほとんど変わらないこと，大半の組織は「保全」という中核的目標を「自律的」と同義と考え，境界が曖昧で変化している部分に発生する問題等については帝国主義的な植民地活動が活発になること等を指摘している（アリソン・ゼリコウ，2016：I 381-391）。

　青木昌彦は，外部環境に関する情報に対する対応の面から組織の特徴を分析し，システム的環境に関する情報処理作業が，組織内の二つのタスク単位にどのように分配されるかの観点から，①ヒエラルキー的分配，②情報同化，③情報のカプセル化という，三つの組織アーキテクチャの原初的モードを示している（青木，2001：113-114）。この考え方を踏まえ，曽我謙吾は，統合の三つの形態として，①ヒエラルキー組織，②情報共有型組織，③機能特化型組織を示している（曽我，2013：121-126）。このうち，情報共有型組織においては，組織下部における水平的な情報流通や調整を確保し，チームとして機能させていくため，権限を個々人に明確に割り当てることは放棄せざるを得ず，新規の課題が登場しその所管が明確でないときは，組織下部部局間の調整に委ねられるとする。このため，情報共有型組織の帰結として所管争いが多くなる（曽我，2013：206-207）。そして，日本の中央省庁については，情報共有型の特徴を持ち，新規の政策課題に対して，既存の省庁が所管への取り込みを図ったことを指摘する（曽我，2013：139）。

　我が国における具体的事例に関し，政策形成に対して組織の特徴が与える影

響について，京俊介は，文化庁著作権課について，その所掌政策の性質から
「制度官庁型」の行動様式を示すとするとともに，スペシャリスト養成的な人
事ローテーションから独特の行動原理が温存されると指摘する（京，2011：
81-88）。その上で，同課の行動原理を法律の整合性であるとし，これにより
著作権法改正に関する同課の行動を説明できるとする。この「制度官庁型」の
分類は，省庁の行動様式を，行動が能動的（攻め）か受動的（受身）かという
軸と，官房系統組織あるいは上位組織による統制が常に効いているのか，直接
の担当の縦のラインのアドホックな意見調整によって対応が決まるのかという
軸の2軸で分類した城山英明の研究（城山，2002a：6-10）によったもので
ある。この分類では，攻め・アドホックな「現場型」の官庁は，原局原課を含
む様々な現場が新たなアイディアを主導し創発するのに対し，両軸とも中間に
位置する「制度官庁型」の官庁は，基本的諸制度を扱っているため余程の社会
的圧力がない限り制度の改革には踏み切らず，創発は受動的なものが多いとさ
れる[17]。

　以上のような研究からは，組織構成の状況が，紛争の発生など組織間の相互
作用に影響するとともに，それぞれの組織の持つ特徴が，その組織が行う決定
に影響を与えることが示されている。

（4）アイディアや言説による政策変化等に関する研究
　（2）のセクショナリズム等に関する研究や，（3）の組織の特徴に注目した
政策決定に関する研究からは，政府を構成するそれぞれの組織は独特の組織文
化を有し，行動が変化しにくいこと，重複する政策分野で紛争が生じやすく，
二省間では合意が難しいこと等が示唆される。これに対し，政策決定過程にお
いて，理念やアイディア及びこれを伝える言説に注目し，これらを通じた政策
変化等を分析した様々な先行研究が存在する。
　理念に注目した分析として，Derthick and Quirk による米国の航空輸送産
業，電気通信産業及びトラック輸送産業の規制緩和に関する分析がある
（Derthick and Quirk, 1985）。ここでは規制緩和という理念が持つ説得力とそ

の推進者による政策変化が分析されている。また，同時期で，アイディアに注目した分析として，J・キングダンが『アジェンダ・選択肢・公共政策』で示した政策の窓モデルがあり，問題，政策，政治の三つの流れが合流して政策決定がされることが指摘されている（キングダン，2017；英文初版，1984）。ここでは，政策アイディアが政策案として形成されていく独立の流れが分析されているが，政策案として生き残るためには，アイディア自体の内容が重要であり，技術的実行可能性，価値受容性，コスト，市民に受け入れられる見込み等の基準を満たすアイディアが，議論と軟化のプロセスを経て生き残っていくとされる。そしてこの生き残ったアイディアが，解決すべき重要な問題として認識される問題の流れと，政権交代，国民の雰囲気の変化などの政治的流れと合流し，アイディアにとっての機会の窓（政策の窓）が開いて，政策変化につながるとされる。また，この結合には，政策起業家が重要な役割を果たす。アイディア自体の重要性とともに，これが外的な事象等と結びついて実際の政策変化につながる過程，要因を明らかにしたものである。

　J. Goldstein は，アイディアを，「共有された信念」と定義し（Goldstein, 1993：11），アイディアのレベルとして，世界観（world views），原理的信念（principled belief），因果的信念（causal belief）の三つのレベルを示した（Goldstein and Keohane, 1993：8-11）。このうち，世界観は宗教，科学的合理性などの根幹的なアイディアであり，原理的信念は物事の善悪，公正・不公正等を判断するための価値基準となるものである。因果的信念は，目的達成のための手段についての因果関係に関する信念であり，政策の具体的手段を示すものである。また，このアイディアが政策決定に影響を与える経路として，「道路地図」，「フォーカル・ポイント」，「制度化」の三つを示した（Goldstein and Keohane, 1993：11-24）。このうち，「道路地図」は，アイディアが方向性を示し，アクターを一定の方向に進ませる機能である。アイディアが，選好の決定や目的ととり得る選択肢の因果的な関係の理解を助け，不確実性のある状態でのアクターの決定を方向付けるとされる。この際，外的ショックは新しい信念を受け入れさせ，不確実性に直面したアクターは，そのアイディアが利

益につながらないときでも，行動の指針としてその信念に頼ることがあると指
摘する。このような文脈からも，地理的表示保護のアイディアが果たした役割
を分析することが必要と考えられる。

　また，新しい政策の導入が検討される際は，他国などで行われている政策が
参考とされ，その内容，実績も踏まえた上で，具体的な政策案が検討されるこ
とが多くある。このような，他国等の政策アイディアに影響を受けた政策変化
について分析した先行研究として，R. Rose の教訓導出の考え方や D.
Dolowitz の政策移転の考え方がある。Rose は，問題に直面した政策形成者
が，経験を重視し他所での対応からの教訓導出を行うとし，ここで教訓とは，
他所で行われ，採用し得るプログラムの行動志向的な成果であり，元の場所に
おける評価だけでなく，同じプログラムを政策形成者が実施するかどうかの判
断を含むとした（Rose, 1991）。この教訓を求める要因は，プログラムが不満
足になったことであり，この際に，他所で実際に効果を上げているプログラム
が探索される。教訓導出による対応としては，プログラムをそのまま採用する
「コピー」，修正を加えて採用する「模倣」，二つの場所のプログラムの要素を
組み合わせる「合成」，様々な場所からのプログラムを組み合わせる「統合」，
新しいプログラムの開発のための刺激として用いる「インスピレーション」の
五つをあげている。教訓導出のステップとしては，まず他所のプログラムが探
索され，そのプログラムの移転し得る一般的要素を明らかにするためのモデル
化が行われた後，現在不満足な結果をもたらしているプログラムとの比較を経
て，そのプログラムを採用したときの将来的な評価が行われ，採用するかどう
かの判断が行われるとされる。

　また，政策移転について，Dolowitz は，移転を行う理由，移転を行う者，
移転の対象，どこから移転されるか，移転の程度，移転の促進・阻害要因，移
転が行われたことを示す方法，移転が失敗する要因といった要素から，政策移
転を分析する枠組みを示している（Dolowitz, 2000：9-37）。このうち，移
転を行う理由として，「自発的移転」と「強制移転」の二つの移転を示し，政
策移転は完全な自発的移転から完全な強制移転までの直線上のいずれかに位置

付けられるとする。ここで完全な自発的移転は，教訓導出であるとし，政策形成者が，認識した問題に対する安価な手法として，合理的・自発的に新たなアイディアを探索するとした。一方で，最も強制的な移転は，ある政府等が他の政府等に政策，制度構造の採用を強制するものである。この中間として，条約上の義務や国際的な要請による政策移転がある。地理的表示保護制度の導入については，こういった教訓導出，政策移転としての側面からも考察することが必要と考えられる。

　異なる信念を持つグループで，どのように，知識・アイディアが共有され，グループ間の相互交渉が行われて，政策形成につながるかを示すのが，P. Sabatier らの唱道連合フレームワークと，その中で示された政策指向学習の概念である (Sabatier, 1988；Jenkins-Smith and Sabatier, 1993 等)。唱道連合フレームワークでは，政策過程の分析単位として，政策サブシステムが設定され，一定の制約下で，そのサブシステム内に存在する複数の唱道連合間の相互作用が行われることを通じて，政策決定が行われ，その政策実施のインパクトがそれぞれの唱道連合に影響を与える。この唱道連合は，信念システムを基礎に構成され，信念システムには，規範的な深い中心的信念 (deep core belief)，政策サブシステム全般にわたる政策のコアの信念 (policy core belief)，具体的事項での問題の原因や政策手段等に関する 2 次的な信念 (secondary belief) の 3 層の構造が指摘され，前 2 者に比べ，具体的政策手段等に関係する 2 次的信念は比較的変化しやすいとされる。また，サブシステム内の行為者に制約を与える要因として，問題領域の基本的特性等の安定的な要因と，経済社会の変化等の動的な外部の事象が設定されている。

　唱道連合間で行われる相互作用の主要な要素が政策指向学習であり，この内容は，「経験に起因し，政策目的の達成又は改訂に関係する，思考又は行動の意図の比較的継続的な変化」と定義された (Jenkins-Smith and Sabatier, 1994：182)。そして，この政策指向学習は，経済社会の変化等の外的なショックと並んで，政策変化の重要な要因の一つとされた。Sabatier は，2 グループ間で行われる政策指向学習のシナリオを，第 1 － 1 図のとおり示して

いる（Sabatier, 1988：153）。ここでは，問題を認識した連合Aによる原因
の特定とこれに対する政策1の提示に対し，これにより影響を受ける連合B
から分析に基づく異議申立等の対応がされ，さらにはこれに対する連合Aの
異議申立等によって分析的討議が行われ，連合間で合意ができれば政策形成が
行われる過程が示されている。連合間の合意に重要な役割を果たすのが専門家
によるフォーラムであり，合意のため必要な要素として，全ての関係利害関係

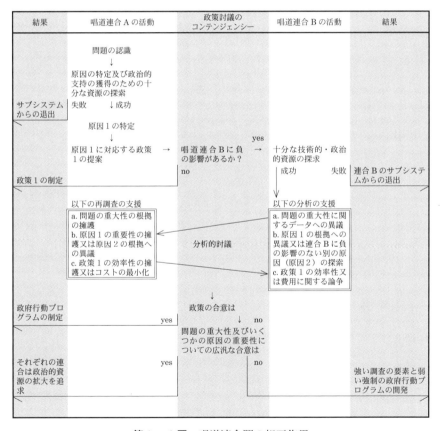

第1-1図　唱道連合間の相互作用

資料：Sabatier（1988：153）FIGURE2 を筆者訳出。

者の代表の参加，コンセンサスでの決定ルール，一定の期間・回数の会合，（規範的ではなく）実証的問題へ対応することの重視等が必要とされる（Sabatier and Weible, 2007：205-207）。政策案の内容に関する分析的討議を通じた政策形成の成立・不成立の過程を示す点で，EU の地理的表示保護制度を踏まえた政策案が農林水産省から提示され，これに対する特許庁との調整を経て，地理的表示保護制度が不成立・成立した本書で取り扱う事例の分析に，参考となる枠組みを示すものと考えられる。また，外的事象変化の影響や，地域団体商標制度創設後，約 10 年の時間を経て政策変化が起きていることに関し，政策実施の影響も含めて長期的に政策変化を考える面でも参考となる枠組みである。

　政策決定に影響を与える要因として，アイディアとともに言説に注目するのが，V. Schmidt の言説的制度論である。Schmidt は，言説的制度論の最も重要な点として，従来の新制度論が均衡に注目し静態的であるのに対し，これらが克服困難と考える障壁を乗り越える上で，アイディア及び言説が役に立つと捉える動態的な見解を採用する点であるとする（シュミット，2009：75-76）。そして，従来の新制度論の説明の論理が，計算（合理的選択制度論），適切性（社会学的制度論），経路依存性（歴史的制度論）であるのに対し，言説的制度論ではコミュニケーションの論理であるとする（Schmidt, 2011：47-64）。言説には，アイディアの実質的内容だけでなく，アイディアが伝えられる相互作用プロセスを含むとし，言説的相互作用を重視した制度変化を述べている。また，アイディアには，認識的アイディアと規範的アイディアの二つのタイプがあるとし，認識的アイディアは，政治的行為の方法・ガイドライン・マップを提供し，利益を基礎とした論理や必要性の主張により，政策を正当化するのに役立つ一方，規範的アイディアは適切性に言及することによって政策を正当化するのに役立つとする。言説の相互作用については，政策形成における政策アクター間の調整に関する調整的言説と，政治的アイディアの提示・熟議・正当化における政治アクターと市民の間の伝達に関する伝達的言説の二つの機能があるとし，単一の権威により統治行為が媒介される政体の場合，一般市民に

対する伝達的言説が強調され，統治行為が多様な権威に分散する政体の場合，政策アクター間の調整的言説が強調されるとする。

　我が国において，アイディアに着目して政策変化を分析したものとして，秋吉貴雄の日米航空産業における規制改革に関する研究がある。この研究では，Sabatier らの政策指向学習の概念を用いて，規制緩和を志向するグループと既得権益を志向するグループ間での政策議論等を通じた政策変更が分析されている（秋吉，2000）。さらに，①政策パラダイムの転換，②政策アイディアの構築，③政策アイディアの制度化という三つの段階において，競争促進型政策パラダイムへの転換の過程が分析されるとともにと，我が国では「管理された競争」という政策アイディアが採択され，不完全な転換となった要因が指摘されている（秋吉，2007）。

　以上のように，アイディア，言説に注目する研究については，アイディア自体の内容に注目し，その政策変化に果たす機能に着目するものがある。さらに，アイディアの内容に加え，アイディアをめぐるアクター間の相互作用のプロセスに着目し，相互の学習や言説を通じたコミュニケーションよる政策変化を指摘するものがある。本書においても，アイディア自体の内容に着目するとともに，アクター間の相互交渉のプロセスに注目して分析を行うこととする。

２－２．政策手段に関する先行研究
（１）政策手段の類型化とその選択等に関する研究

　政府の政策について，森田朗は，社会を望ましい状態に維持・管理するく社会管理＞の仕組みとした上で，政策の構造として，政策の目的，対象，活動体制，行政手段，執行活動の手続の五つの要素を上げている（森田，1988：23-29）。以下では，このうち，主に，社会システムの在り方を変更するための働きかけの手法である行政手段に関する先行研究を整理する。

　この政策手段の類型区分に関しては，様々な考え方があるが，ここでは主にE. Vedung の整理に従って，その代表的なものを見ておく。Vedung によれば，政策手段類型化のアプローチには，政府の選択からのアプローチをとるか

政府の資源からのアプローチをとるかの違いと，最大限の区分をするか最小限の区分をするかの違いの二つの軸がある（Vedung, 1998：22-29）。政府の選択と資源のアプローチの差は，前者が，市場経済に任すなど政府としては何もしないことを含めて，政策課題への対応として政府としてどのような選択をするかにより区分をするものである一方，後者は，政府として何か行うことを前提に，政府が使用可能な資源から区分をするものである。最大限の区分をするか最小限の区分をするかの差は，前者が，補助金，直接支払，融資，保険，助言，訓練，認可，許可等，政策手段を細分化するのに対し，後者は2，3のごく少数のカテゴリーに区分するものである。

　Vedung によれば，選択アプローチによる類型化の代表的なものとして，C. Anderson が，政府介入からの完全な自由から政府による完全な強制まで，政策手段を4区分（市場メカニズム，政府プログラムの構築，インセンティブ・抑止，規制）しており（Anderson, 1997：56），ここでは，政府が実施せず市場メカニズムに任せる手法も政策手段として分析されている。一方，政府の資源からのアプローチについては最もシンプルな区分として，抑制的な手段と促進的な手段に2区分するものがある（Brigham and Brown, 1980：8-10）。この区分に対し，Vedung は，良心に訴えかける勧告の手法を分類しにくいこと，経済コストの負荷と強制的な罰則を抑制的手段という同一の類型とすることの適切性などの問題点を指摘し，3区分とする方が適切と主張している（Vedung, 1998：27-34）。この3区分は，A. Etzioni（1975）が，力を，強制的な力，利益による力，規範的な力に3区分していることを踏まえ，この3種類の力によるコントロールの手法として，「規制」，「経済措置」，「情報」の三つに政策手段を区分するものである。三つ目の「情報」[18]は，知性や道義に訴えかける方法であるが，使用頻度が増加しているにもかかわらず，学問的に見逃されがちであるため，この区分が重要であることが指摘されている。森田は，執行活動についてではあるが，行政機関の行動操作の方法として，権威＜authority＞，交換＜exchange＞，説得＜persuasion＞の3類型を上げており（森田，1988：55-66），これも同様の要素に注目したものと考えられる。

　このような，政府が使用する資源・力による分類をする代表的な先行研究として，C. Hood は，*The Tools of Government* において，政府の持つ資源を，「情報の結節点にいること（Nodality）」，「資金」，「権威」，「組織」に４区分し[19]，これによって政策手段を分類している（Hood, 1983；Hood and Margetts, 2007）。Vedung も指摘しているように，Hood の４区分のうち，前３者は，Vedung の分類の「情報」，「経済措置」，「規制」にほぼ対応する。

　本書では，地理的表示保護の品質保証・情報提供を中心とする政策としての特徴に注目するが，「情報」の政策手段がとられる理由については，①普遍的な遵守が必要でない場合，②私益が政府の利益と一致する場合，③パターナリズム，④急な危機への対応，⑤他の手法の実行監視が困難な場合，⑥規制の前段階の又は規制を避けるための措置，⑦政府がその問題に関心を持っていることを示すシンボリックな動機等があげられる（Vendung and van der Doelen, 1998：107-114）。また，特に，環境分野において，行政リソース（予算・人員・法的権限）の不足を補充し，また，民主的・効率的な行政過程を可能にする，社会的コントロールの新しい手段として注目され（北村，2009：190；勢一，2010：159-160），既存の監督手法の機能不全を克服する新たな監督手法として位置付ける指摘がある（阿部，1997：181）。

　なお，「情報」の効果については，十分な効果を上げない例が多いことや，むしろ逆効果となる例が指摘され，そういった中でも「情報」の政策手段が使われる理由として，この手段が持つシンボリックな機能が指摘されている（Vendung and van der Doelen, 1998：114-125）。

　さらに，商品選択の分野の情報の役割について，G. Akerlof は，中古車等品質が不確かな商品に関して，販売者と購入者の情報の非対称性により，高品質産品が駆逐され，市場規模の縮小を招くメカニズムを示すとともに，これに対応する制度の存在理由を指摘している（Akerlof, 1970）。品質について情報を持たない購入者は，高品質であるか低品質であるかを区別できないことから，低品質産品に見合った価格でしか購入しないため，結果的に高品質産品が駆逐される。この対応として，保証，ブランド，免許等の仕組みがあげられ，

また，政府介入が総余剰を増加させるケースがあることが指摘されている。品質が問題とされる分野において，社会全体の総余剰を増加させるため，情報という政策手段がとられる理論的根拠を示すものである。

　より具体的に，我が国における食品の表示に関しては，従来，安全規制に関わる情報＝公的規制領域，その他の品質に関わる情報＝民間秩序領域という領域分担があったが，EU諸国で民間秩序に公的規制を組み合わせる手法（民間の取組を基礎に，政府が信頼確保のための公的認証の仕組みを作り，市場の安定を図る仕組み）が導入されており，我が国ではこの領域の充実が遅れている[20]との指摘がある（新山，2004：139-140）。

　なお，このような政策手段と実施主体との関係について，規制に関する研究であるが，村上裕一は，『技術基準と官僚制』において，3分野の事例研究を通じた分析を行っている。ここでは，行政資源の制約と行政需要・責任追及の高まりというジレンマ状況の中で，事業者等が規制の基準設定・実施の実質的役割を果たす一方，「官」がそれに監査的・間接的・事後的にしか関与しない，いわゆる官民共同による社会管理（規制）の「システム」が出現していること等に注目した分析が行われており（村上，2016：5-10），また，実効性担保の手段として，市場を通じた消費者の誘導等直接的規制以外の手法が増加していることが指摘されている（村上，2016：291-293）。これは，安全性等からの規制の面でさえ，民間の取組を前提に行政機関がこれを管理・制御する方向に役割を変化させていることを示すものであり，地理的表示保護制度の政策としての位置付けを考える上で参考になり得る。

（2）「情報」という政策手段の効果的な実施に関する研究

　我が国における行政の執行活動についての代表的な先行研究として，森田朗の自動車運送事業に対する行政規制を事例とした研究である『許認可行政と官僚制』がある。ここでは，執行活動の機能を社会管理ととらえ，執行活動のメカニズムについての概念枠組みを示した上で，行政による顧客のコントロールの手法やこのコントロールと顧客の抵抗との相互作用の観点から分析が行われ

ている。森田が指摘するように，執行活動における問題及びそれに対するアプローチは，政策分野や具体的な政策の在り方によって異なるため（森田，1988：306），以下では，「情報」という政策手段の実施に関する先行研究を整理する。

　情報活動の特質について，城山英明は，「注意」の重要性，認知的要素の重要性，情報受信者に配慮した行動様式・能力の必要性の３点をあげている（城山，1998：268-270）。このうち，「注意」については，希少資源は情報ではなく，情報に注意を払い処理する能力であるとし，希少資源である注意を適切に管理することが重要な要素となることを指摘している。このため，受信者の性格と目的に合わせて情報を加工し提供する「ターゲティング」が重要とする。また，認知的要素については，情報に接した場合にどのような反応を生むかは，当該アクターの認知的枠組みに左右される場合が大きく，政府に対する信頼感が欠如している場合正確な情報を提供しても信用されないことを指摘する。さらに，情報受信者の注意と認知的要素が重要であることの帰結として，情報活動においては情報受信者に配慮した行動様式・能力が必要とする。

　また，Hood and Margetts は，情報という政策手段の選択に影響する社会的文脈として，情報受信者の規模，公衆の総意・受容の程度，情報受信者の注意の程度の三つをあげる。ここで，政府に対する信頼がなく受容の程度が低い場合，政府が伝えたい情報による効果が減少するとし，また，注意の程度が高ければ，直接的な通知等の方法をとらなくても情報が伝わるとしている (Hood and Margetts, 2007：44-48)。さらに，J.Weiss は，情報の受け手が誰であるかを特定することが重要と指摘しており（Weiss, 2002：226-229），その要素として，規模と均質性，利益と受容性，教育と認識の程度があげられている。あわせて，行動を促すための有用な情報とするため，受信者の問題関心との関連づけや受信者の状況に合わせた内容の調整が重要と指摘している。

　以上のような先行研究からは，情報という政策手段を効果的に実施するに当たり，情報受信者の政府に対する信頼など認知的要素を重視するとともに，ターゲットとする情報受信者を明確にした上で，受信者の注意を得られるよう

な情報発信が重要であることが示唆される。

3．分析の枠組み

（1）省庁間調整による政策決定に関する分析

1）分析枠組み

　本章2−1で概観した先行研究において，省庁間の関係をセクショナリズムと捉える研究からは，特に，アドホックで，水平的性格が強く，関係者が直接調整を行う調整の場合は，二省間の調整だけでは合意に至るのが難しいことが示唆される。このため，本書が対象とする地理的表示保護制度創設をめぐる合意の形成過程を分析するに当たって，各省庁の所掌権限や組織の特性を背景とするセクショナリズムの観点のみからの分析では，必ずしも十分ではないと考えられる。一方で，アイディアに着目する先行研究からは，アイディア自体の内容やアイディアをめぐるアクター間の相互作用が政策変化をもたらすことが示されているが，二省庁間の調整の局面において，具体的にどのような要因や過程で，合意・政策変化につながるかについては，具体的な事例に即して分析を深めることが必要と考えられる。ここで，二省庁間調整の過程を分析する上では，それぞれの唱道連合における信念システムを前提にした上で，複数の唱道連合間での学習と相互作用を通じた政策変更を示す，サバティアの唱道連合フレームワークの有効性が高いと考えられる。

　そこで，本書では，セクショナリズム及びその背景となる組織の特性にも注目しつつ，唱道連合モデルで示されたアイディアをめぐる相互作用を踏まえて，以下のとおり，①アイディア自体の内容とその果たす機能，②アイディアをめぐるアクター間の相互作用による政策変化，③外的事象等アイディア以外の事項の影響，といった視点から分析を行う。さらに，本書が対象とする事案が法制度的な検討の必要性が高い内容であることを踏まえ，④内閣法制局との調整の影響も考慮する。

① 　アイディア自体の内容とその果たす機能

　地理的表示保護制度については，ヨーロッパにおいて，品質保証の仕組みを含む制度として発展してきており，我が国もその影響を受けていると考えられるが，この制度を裏付けるアイディアのどのような要素が，我が国の当時の状況の中で，政策変化にどのような影響を及ぼしたのかは，必ずしも明らかでない。

　そこで，本書では，Goldstein の「道路地図」としてのアイディアの機能，Rose の教訓導出，Dolowitz の政策移転などの，アイディアの果たす機能に関する先行研究を踏まえ，農林水産省及び特許庁が検討した，地理的表示保護に関するアイディアの内容に着目して，その政策変化に果たした機能の分析を行うこととする。また，この分析を行う上での前提として，EU 型の地理的表示保護制度のアイディアと，米国型の保護のアイディアを対比しつつ整理し，双方のアイディアの要素を抽出して，農林水産省及び特許庁の検討案の位置付けを行った上で，分析を行うこととする。

② 　アイディアをめぐるアクター間の相互作用による政策変化

　地理的表示保護制度の創設をめぐっては，農林水産省及び特許庁が，それぞれ保護制度の案を検討し，両省庁間での調整が行われている。セクショナリズムに関する多くの先行研究からは，紛争が生じた場合，対等な二省庁間のみでの合意が難しいことが示唆されるが，本書がテーマとする地理的表示保護制度の創設については，二省庁間の相互の調整を通じて，最終的に合意が整い，新しい制度の創設に至っている。

　そこで，本書では，①のアイディア自体の内容の影響に加え，主にサバティアの唱道連合フレームワークに依拠しつつ，二つの省庁間で，ある省庁からどのようなアイディアに基づく政策案が提示され，これに対して他の省からどのような反応が示されて，両者の学習・討議などの相互作用の中で，どのように政策決定に至ったかに注目して分析を行い，政策帰結をもたらした要因を探ることとする。なお，このフレームワークにおいては，ある唱道連合の活動による他の唱道連合への負の影響とこれに対する当該唱道連合活動の活動を分析す

る中で，セクショナリズムの観点や組織の特性が考慮できることから，両省庁
の相互作用を考察する中で，これらの点についても分析することとする。

③ 外的事象等アイディア以外の事項の影響

キングダンの政策の窓モデル，サバティアの唱道連合フレームワークなどの
先行研究においては，アイディアの要素とともに，問題や政治の状況，経済社
会の変化等の外的事象が政策帰結に影響することが指摘されている。

地理的表示保護制度の創設の検討に関しては，2004年と2014年で，問題
や政治状況等に変化が生じていると考えられることから，本書においても，②
及び③のアイディアの要素とともに，政策案が検討されていた当時にどのよう
な課題に対応することが求められていたか，国内の政治的状況，国際的な状況
などの要因を含めて，政策帰結に与える影響を分析することとする。

④ 内閣法制局との調整の影響

我が国においては，内閣が法律案を提出する場合，内閣法制局の事前審査を
必ず受けなければならない。特に，本書が対象としている地理的表示保護制度
のように，権利保護・規制に関する制度については，法制度的に十分な検討が
必要とされ，内閣法制局の審査の及ぼす影響が大きいと考えられる。

そこで，本書では，対等な二省庁間の関係を中心とした③までの視点による
分析に加え，内閣法制局との調整による影響の要因も考慮して分析を行うこと
とする。

以上①から④までにあげた分析の視点から，地理的表示保護制度に関する
2004年の制度創設失敗と2014年の制度創設の二つの政策決定過程を追い，
その比較・分析により，政策変化をもたらした要因を明らかにすることとする。

2）分析枠組みの適用の試行

ここで，1）の分析枠組みを用いた，省庁間調整による政策決定の分析の有
効性を確認するため，コンピュータ・プログラム保護をめぐる通産省と文化庁
の紛争の事例の分析を試みておく。この事例は，1970年代初めにプログラム
の保護が課題になったときに，通産省は新規立法による保護を，文化庁が著作

権法による保護を主張し，両省庁間での争いが生じたものである。その後，1982 年にプログラムを著作物と認める地裁判決を機に対立が再燃し，1984 年に両省庁が法案を提出しようとしたものの調整がまとまらず，翌年になって著作権法の改正によるプログラム保護が図られることになった。

　本事案については，2－1（2）で述べたように，京が詳細に分析しているが，京は，文化庁（著作権課）の行動目的が著作権法に関する法的整合性であるのに対し，通産省の行動目的が権限等のリソースの拡大であり，二つの官庁の目的が異なっていたとする。この目的の違いのため，プログラムを著作権法の対象とするという文化庁が譲れない政策帰結を維持しながらも，通産省がプログラムの法的保護に外郭団体を通じて関与するという，両者の主張を一定程度成り立たせる方法が存在したことから，対立が収束に向かったとする（京，2009；京，2011：101-117）。この指摘は，文化庁の法的整合性という行動目的を指摘する点で示唆に富むものであるが，結果的に，通産省の権限は拡大していないと考えられ[21]，この内容には疑問もある。

　ここでは，京の分析を踏まえながら，アイディアをめぐる相互調整という観点から，紛争の経緯を再検討することとする。この事案における政策アイディアは，プログラムを独自の仕組みで保護する通産省のアイディアと，著作物として保護する文化庁のアイディアである。両省は 70 年代初めから，それぞれの審議会で議論を進め，政策案を取りまとめた。ここで，通産省のコアの信念は産業発展のための適切な制度の整備と考えられる。一方で，文化庁の政策のコアの信念は「著作物は著作権法で保護」という考え方であり，2 次的な信念としては，具体的保護手段の方法（例えば，著作権に登録制度をとるかどうか）であると考えられる。この点で，通産省の産業発展を促進する観点からの，プログラムを独自の仕組みで保護するアイディアは，著作物を著作権法で保護するという文化庁のコアの信念に反し，文化庁にとって受け入れがたい内容であったと考えられる。

　このような中で，1980 年代半ばにかけて，保護の要件・手続，保護期間，プログラム実施権の要否，紛争解決制度等の論点をめぐり，通産省と文化庁の

間の相互交渉が行われた。通産省の案は，産業発展上の観点から，登録により内容を明確化するとともに，保護期間を短期間としてプログラムの早期の発展を目指すものであり，産業界からの支持を得ていた。両省庁以外の動きとして，1982年にプログラムを著作物と認めた東京地裁の判決が出され，また，国際的には1980年代からプログラムを著作権法で保護する諸国が多くなり，米国は通産省の検討する独自制度でプログラムを保護することへの懸念を示した。こういった状況下において，通産省のアイディアの説得力が低下し，文化庁のアイディアの説得力が上昇していった。1985年になって，プログラムを著作権法で保護することが両省庁間で合意されるとともに，プログラムの登録手続については別法で措置されることとなった。結果として，文化庁のコアの信念を冒さない形で，著作権制度による著作物たるプログラムの保護としての著作権法改正が行われる一方，従来，著作権制度でとられていなかった登録制度が導入されている。この事案の過程を第1-2図で示したが，文化庁として，コアの信念への影響が大きい通産省の案は受け入れ困難であり，一方で，国内外の状況が変化する中で，通産省としては，プログラムの保護を図るために文化庁のアイディアを受け入れざるを得なかったと考えることが可能である。この際，文化庁の2次的信念に関わる保護の仕組み（プログラムの登録制度）については，通産省の主張の方向に沿った形で，政策変化が生じている。

　以上のように，アイディアをめぐる相互作用の視点から，コンピュータ・プログラム保護をめぐる通産省と文化庁の省庁間調整による政策決定過程を分析しなおすことで，京が指摘した行動目的の違い（法的整合性とリソースの拡大）以外の要因を示すことが可能であり，特に，プログラムを著作権で保護しつつ登録制度を新設したことを新たな視点から説明し得ると考える。地理的表示保護制度の創設をめぐっては，政策帰結の異なる二つの事例があり，このフレームワークを適用しつつ，両事例の比較分析を行うことにより，より的確に政策決定の要因を分析することが可能と考えられる。

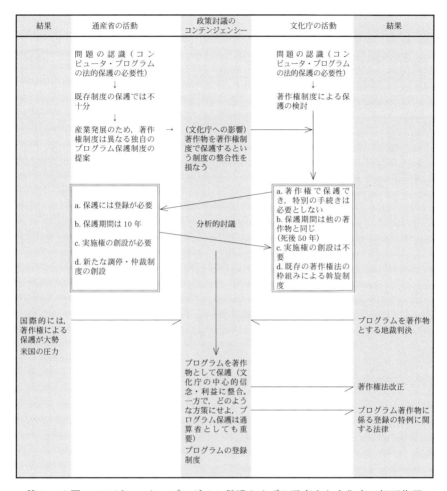

結果	通産省の活動	政策討議の コンテンジェンシー	文化庁の活動	結果
	問題の認識（コンピュータ・プログラムの法的保護の必要性） ↓ 既存制度の保護では不十分 産業発展のため，著作権制度は異なる独自のプログラム保護制度の提案	→（文化庁への影響）著作物を著作権制度で保護するという制度の整合性を損なう	問題の認識（コンピュータ・プログラムの法的保護の必要性） ↓ 著作権制度による保護の検討	
	a. 保護には登録が必要 b. 保護期間は 10 年 c. 実施権の創設が必要 d. 新たな調停・仲裁制度の創設	分析的討議	a. 著作権で保護でき，特別の手続きは必要としない b. 保護期間は他の著作物と同じ（死後 50 年） c. 実施権の創設は不要 d. 既存の著作権法の枠組みによる斡旋制度	
国際的には，著作権による保護が大勢米国の圧力		プログラムを著作物として保護（文化庁の中心的信念・利益に整合。一方で，どのような方策にせよ，プログラム保護は通算省としても重要） プログラムの登録制度		プログラムを著作物とする地裁判決 著作権法改正 プログラム著作物に係る登録の特例に関する法律

第１－２図　コンピュータ・プログラム保護をめぐる通産省と文化庁の相互作用

資料：筆者作成.

（２）政策手段としての地理的表示保護に関する分析

　次に，政策手段としての地理的表示保護に関する分析の視点について整理したい。地理的表示保護制度は，地域産品の名称を，品質保証・情報提供の仕組みを設けつつ保護することにより，産品の付加価値を高める仕組みであるが，

　まず，この施策が，従来の農業施策としてとられてきた施策とは異なる意義を持つのか，また，政策手段の類型としてどのように位置付けられるかという点に着目する。さらに，制度の施行後の運用面や政策効果に関し，制度創設時の目的どおりの政策実施が行われているかという点に着目する。

　そこで，本書では，以下のとおり，まず，①これまでとられてきた農業振興施策の中で，地理的表示保護がどのように位置付けられるかという歴史的な視点，及び②地理的表示保護制度の内容がどのような政策類型として位置付けられるかという政策類型上の視点から，地理的表示保護制度を分析し，農業振興施策，広くは政府の政策の中で，本制度がどのような意義を持つのかについて検討する。さらに，③地理的表示保護制度の実施によりどのような効果があがっているか，また制度実施に当たってどのような課題が生じているかなどの政策実施の視点から分析を行い，より効果的な政策実施の在り方について検討する。

① 　これまでとられてきた農業振興施策の中での位置付け

　これまでの農業振興施策においては，規模拡大を通じた生産性の向上等を目的に様々な施策が講じられてきたが，このような従来の施策の方向の中で，地理的表示保護制度がどのような意義を持つのかは，必ずしも十分明らかにされていない。

　そこで，本書では，戦後の農業振興施策がどのような目的でとられてきたか，その歴史的な経緯を整理した上で，地理的表示保護制度がどのように位置付けられるかに注目して，その農政上の意義を分析することとする。

② 　政策類型上の位置付け

　政策目的達成のための政府による政策には，予算による支援措置，許認可等の規制，情報提供を通じた誘導，政府自らの人員による直接実施など，様々なものがある。

　本書では，先行研究での多様な政策類型区分の考え方を踏まえつつ，現在とられている農業振興施策を概観し，類型化の考え方を整理する。その上で，地理的表示保護制度がどのような政策類型に位置付けられるかを，政策の対象，

手段，活動体制といった点から分析するとともに，同じ政策類型に位置付けられる地理的表示保護制度以外の施策についても整理し，同制度の特徴・意義を明らかにする。

③　地理的表示保護制度の実施

　地理的表示保護制度に対しては付加価値向上等の期待が寄せられているが，登録数は必ずしも多いとはいえず，また，これまで制度の実施がされてきた中で，様々な課題が生じてきている。

　そこで，本書では，制度の実施面に着目し，登録の実績や効果など制度実施の状況を整理するとともに，制度を実施する中で現れてきた問題点を整理し，解決すべき課題を検討することとする。

4．本書の構成

　第2章以下の本書の構成は，大きく四つに分かれる。まず，第2章では，第3章以下の分析の前提として，EUにおける保護及び米国における保護の状況の整理を中心に，地理的表示保護をめぐる状況と保護制度の違いの背景にある考え方を整理する。

　第3章から第6章までの各章は，我が国での地理的表示保護をめぐる省庁間調整による政策決定を分析する。第3章では，2004年に地理的表示保護制度の創設が検討されたものの制度化に失敗し，2005年に地域団体商標制度が創設された経緯を，農林水産省と特許庁それぞれが検討したアイディアと両者の相互作用に着目して整理する。第4章では，地域団体商標制度導入後の状況変化について整理し，第5章では，こういった状況変化の中で，地理的表示保護制度の創設が再度検討され，2014年に制度化に至った経緯を，2004年の事例と同様の視点から整理する。その上で，第6章では，2004年の制度創設失敗の事例と2014年の制度創設の事例とを，両省庁のアイディアをめぐる相互作用を中心として比較し，異なる政策帰結をもたらした理由について分析する。

　第7章及び第8章は，政策手段としての地理的表示について分析する。第7

章では，これまでとられてきた農業振興施策を概観した上で，そのような経緯の中で地理的表示保護がどのように位置付けられるかを整理する。また，現在とられている様々な農業振興施策の中で，本制度の内容がどのような政策類型として位置付けられるかを整理する。これらの整理により，本制度が政策手段としてどのような意義を持つのかについて明らかにする。次に，第 8 章では，本制度の実施について，登録状況や制度への期待，効果を整理するとともに，制度の実施上生じている課題について明らかにする。

　以上のような分析を踏まえ，第 9 章では，省庁間調整による政策決定及び政策手段に関して，明らかとなった内容をまとめるとともに，政策的なインプリケーションについて考察する。

注(1)　筆者は 2004 年の地理的表示保護制度の検討に関し，内閣法制局参事官として審査に関与し，2014 年の制度創設に関して，農林水産省の研究所研究員として，制度検討をサポートした。このような実際の経験も踏まえて，検討の経緯や両省庁の調整の詳細を分析することとしたい。

　(2)　2004 年の地理的表示保護制度創設検討の際の資料では，他県産の商品に「三輪素麺」と表示して販売された事例（他産地における便乗使用）や，短期で収穫され通常より小さなものとなる春播き栽培が行われた「下仁田ねぎ」の事例（同一産地における便乗使用）等が示されており，我が国においても，以前から，地理的表示の便乗使用の弊害が認識されていた（「我が国の農林水産物・食品に係る地理的表示をめぐる現状と課題」（2004 年 9 月 29 日第 1 回食品等の地理的表示の保護に関する専門家会合資料））。また，オーストラリア産の輸入牛肉に「KOBE」の名称が使用されていることが報道され，地理的名称を守る対策の導入の必要性が指摘されていた（『日本農業新聞』2004 年 9 月 1 日付，1）。

　(3)　詳しくは第 2 章 2．（3）で述べるが，EU における地理的表示産品の販売総額は 543 億ユーロと，EU の飲食料産業産出額の 5.3 ％（フランスでは 14.5 ％）を占める。また，EU 域外への輸出額の 15 ％が地理的表示産品となっている。

　(4)　例えば，当初，地理的表示保護制度の創設が検討されていた 2004 年及び 2005 年に，国会の質疑で「地理的表示」に言及されたのは 1 回のみであり，内容は，EU が地理的表示保護の強化を WTO で主張していることを答弁で紹介するものであった（2004 年 5 月 27 日参議院経済産業委員会における福島啓史郎委員に対する中川昭一経済産業大臣答弁（第 159 回国会参議院経済産業委員会会議録第 18 号））。

　(5)　改正法案提出の経緯は，第 3 章で詳説する。

　(6)　制度創設の経緯は，第 5 章で詳説する。

　(7)　辻の稟議制論に関して，中央省庁の実務経験者である井上誠一は，①稟議書の作成過程

の前に関係者間の意見調整により原案を作成する過程が存在する，②意思決定の内容により稟議書によらない様々な方式が存在する，③稟議書の審議・決裁過程についても弾力的な処理が認められること等をあげて批判し，実際に行われている意思決定方法の類型化を行っている（井上，1981）。この井上の説明に依拠して，西尾勝は，中央省庁の意思決定方式の諸類型を詳説している（西尾，2001：304-313）。また，大森彌は，省庁内の稟議制には「事務稟議」と「政策稟議」の２種類があり，根回し，会議を伴う「政策稟議」こそ省内意思決定の核心だが，辻のいう稟議制は事務稟議についてであると指摘している（大森，1986：101-104）。

(8) この村松の指摘について，今村都南雄は，セクショナリズムは合理的体系である「最大動員システム」に必然的に随伴する逆機能現象であるのか，それとも，西欧に追いつくという合理的体系の目的達成後になってはじめて逆機能化することになったのか，セクショナリズム観にブレがみられると指摘する（今村，2006：12）。

(9) VAN法案等の情報化政策の変遷について，郵政省と通産省の政策競合，セクショナリズムの問題を中心に分析したものとして，大石（1990）等がある。

(10) なお，今村は，G・マヨーネが，討議と議論の知的過程を重視していること（マヨーネ，1998）を述べた上で，セクショナリズムを分析するに当たって，複数のプレーヤー間の引っ張り合いに注目するだけでなく，政策内容に関する政策議論の展開も重視すべきことを指摘しており（今村，2006：108・109），アイディアや議論の重要性にも注意を向けている。

(11) 内閣機能の強化，地方自治体への権限委譲，資格任用制の整備など行政固有の改革構想であり，仮説と検証のための「理論」ではなく，実践的な提言と説得力とを特質とする（牧原，2009：6）。

(12) なお，二省間調整については，2001年の省庁再編に伴い政策調整システムが導入されたが，人事交流を通じた決定の迅速化が部分的に図られたものの，活性化されていないと指摘されている（牧原，2009：253-258，260）。

(13) ただし，京が指摘する外郭団体（財団法人ソフトウエア情報センター）は，両省庁の共管ではあるものの，「プログラムの著作物に係る登録の特例に関する法律」では，コンピュータ・プログラム登録について経済産業省の権限は規定されておらず，これによって一定の管轄の拡大が図られたとすることには疑問がある。なお同団体は，プログラムの著作物の登録のほか，経済産業省所管の半導体集積回路の回路配置利用権の登録等の業務を行っている。

(14) 例えば，A・ダウンズ（1975：247-259）は，動物行動の研究を基にした，政策空間における各官庁の「領域」という考え方を用いて，領域の重複による紛争の発生を説明している。

(15) 牧原が，二省間調整の例として分析している水利をめぐる調整（牧原，2009：228-239）は，城山が指摘するように，定型化され，一定の垂直関係がある場合である。また総合調整の例として分析している水資源開発促進法・水資源開発公団法の制定過程（牧原，

2009：186-205）については，アドホックで水平的性格が強い調整と考えられるが，建設省と農林省等の二つのグループ間では調整できず，自民党，内閣官房，大蔵省，内閣法制局等の総合調整の結果，法案がまとめられたことが示されている。

⒃　アリソンらは，組織研究の展開を検証した上で，組織行動モデルを提示しているが，同モデルと合理的行為者モデルの違いの中心にある「適切性の論理」については，J. March and H. Simon が *Organizations*（2nd ed.）で，行動を選択する場合，状況と基準の合致により判断するという「適切性の論理」を指摘したことを踏まえたものである。また，業務活動が組織文化を形成することについては，R. Cyert and J. March が *A Behavioral Theory of the Firm*（2nd ed.）で，組織の構成員の活動により一連の合意事項が生まれるとともに独特なアイデンティティが構築されると指摘していることを踏まえている。

⒄　「現場型」，「制度官庁型」のほか，攻め・統制の「企画型」，受身・統制の「査定型」受身・アドホックの「渉外型」の五つの行動様式の類型が示されている。農林水産省は，基本的には，現場型の建設省と同様，原局原課のウエートが高いが，同時に総務課を中心とした統制型の組織とされている（城山，2002b：17）。

⒅　「情報」については，独自の政策手段として使用されるほか，規制や経済的措置を用いる場合にも，その内容を対象者に伝える必要があることから，必ず使用されるものである。以下では，後者（information on policy）ではなく，前者（information as policy）に注目する。

⒆　森田は，Hood の考え方を踏まえ，行政手段の類型としては，情報のコントロール，金銭その他の交換可能な財の配分・支出，法的あるいは公的な権限の行使，何らかの形で組織として編成された人的・物的能力の発動という4類型に大別している（森田，1988：25-28）。

⒇　新山は，地理的表示保護制度創設後，この制度を，システムの信頼のため任意表示に国の認可や認証が導入された新しい例と指摘している（新山，2015：11）。

㉑　プログラムの登録について定める「プログラムの著作物に係る登録の特例に関する法律」では，プログラム登録について経済産業省の権限は規定されていない。

第2章　地理的表示保護をめぐる状況と保護制度の違いの背景にある考え方

　本章では，地理的表示保護に関して，現在の国際的なルールとこれをめぐる対立の概況を整理する。その上で，対立の中心となっている EU と米国の保護制度について，EU では歴史的経緯の中で，その品質等の特性が地域環境に帰せられる産品の名称を保護する特別の制度が発展してきた一方で，米国では地理的な名称について，他の名称と同様商品の識別を目的とした商標制度で保護していることを整理する。そして，両制度の比較を行うことによって，地理的な名称の保護に関し，考え方に大きな差がある二つの政策アイディアがあることを明らかにする。

1．TRIPS 協定等による保護の国際ルール

（1）概況
　地理的表示保護に関する国際的なルールとしては，TRIPS 協定の内容が広く受け入れられたものとなっているが，ぶどう酒及び蒸留酒の地理的表示を除き，その保護水準は原産地の誤認を招く表示を禁止することにとどまっている。この保護水準について，EU 等は，ぶどう酒等の地理的表示に認められている追加的保護（真正な原産地が表示される場合や，「種類」，「型」，「様式」等の表現を用いる場合も地理的表示の使用を禁止するものであり，原産地の誤認を前提としない保護となる。）を他の産品へも拡大することを主張するなど，保護内容の拡充を主張しており，拡充に消極的な米国等と対立している。

　これに関して，世界貿易機関（WTO）の場で議論が行われているものの方向性は定まっていない。両者の対立の背景として，地域の特性を活かした高品質産品の名称を保護し，これを EU 産品の優位性発揮のため戦略的に活用し

たい EU 等と，それを自国産品の生産，輸出等に損害を与える競争制限的なものと捉える米国等の立場[1]の違いがある。また，EU と米国では，地理的表示の保護の仕組みも大きく異なっており，EU が地理的表示の保護に関する特別の制度を設けて保護をしているのに対し，米国は商標制度の枠内での保護を行っている。このように，地理的表示保護をめぐっては，EU と米国という，二つの異なるアプローチが対立している状況にある[2]。

　地理的表示保護をめぐっては，WTO のほか，世界知的所有権機関（WIPO）や FTA 等地域貿易協定の交渉の場でも，ルール形成をめぐる対立がある。特に地域貿易協定に関しては，EU 及び米国がそれぞれの立場を反映しようとし，両者が互いに自国のルールを他国にも広げようとする動きが見られる。

（2）TRIPS 協定における地理的表示保護

　地理的表示について国際的に最も広く受け入れられているルールは，1995年に発効した TRIPS 協定で定められている内容である。同協定は WTO 設立協定の一部であり，WTO 加盟国なら必ず従わなければならないルールとなっている。

　TRIPS 協定においては，地理的表示を知的所有権の一つとして保護することを定めており（同協定第2部第3節），地理的表示を「ある商品について，その確立した品質，社会的評価その他の特性が当該商品の地理的原産地に主として帰せられる場合において，当該商品が加盟国の領域又は領域内の地域若しくは地方を原産地とすることを特定する表示」と定義している（同協定第22条第1項）。すなわち，①商品に一定の品質等の特性があり，②その特性とその商品の地理的原産地が結びついている場合に，③その原産地を特定する表示を地理的表示と呼んでいることになる。

　保護内容については，一般の商品に関する地理的表示とぶどう酒及び蒸留酒に関する地理的表示で，保護の水準が異なる。一般の商品については，「商品の地理的原産地について公衆を誤認させるような方法で，当該商品が真正の原産地以外の地理的区域を原産地とするものであることを表示し又は示唆する手

段の使用」等を禁止している（同協定第 22 条）。すなわち原産地の誤認を招く表示等を禁止するものであるため，真正な原産地を表示する場合（例えばチーズの地理的表示である「ゴルゴンゾーラ」についての「北海道産ゴルゴンゾーラ」）や，〜様式，〜型等の表現を用いて表示する場合（例えば「ゴルゴンゾーラ風チーズ」）は，原則として原産地の誤認を招かず，表示が許容されると解されている。一方，ぶどう酒及び蒸留酒の地理的表示については，真正な原産地が表示される場合，翻訳して使用される場合，「種類」，「型」，「様式」，「模造品」等の表現を用いる場合も，その地理的表示によって表示されている場所を原産地としないぶどう酒等に使用することが禁止されている（同協定第 23 条第 1 項）。原産地の誤認を招かない場合であっても禁止の対象とするものであり，これは「追加的保護」と呼ばれている。これにより，山梨産ボルドーワインやボルドー風ワインといった表示も認められないこととなる。また，保護されるぶどう酒等の地理的表示から構成される商標の登録で，そのぶどう酒等と原産地が異なるぶどう酒等についてのものは，拒絶又は無効とされる（同条第 2 項）。この地理的表示の保護規定，特にぶどう酒等に関する追加的保護の内容は，EU の強い要求を受けて盛り込まれた規定である。

　この保護内容にはいくつかの例外規定が設けられており，主要なものとして，①ぶどう酒等の地理的表示を 1994 年 4 月 15 日[3]前少なくとも 10 年間，又は同日前に善意で使用してきた場合は，その地理的表示を継続して使用できること（同協定第 24 条 4 項），②地理的表示の保護前に出願等されていた商標について，地理的表示と同一・類似であることを理由として，商標の適格性，有効性，商標を使用する権利は害されないこと（同条 5 項），③自国の領域の中で一般名称として用いられている用語と同一の地理的表示は，保護の対象外とできること（同協定第 24 条 6 項）がある。これらの例外規定は，ぶどう酒等の地理的表示に対する強力な保護に反対する米国等との妥協として規定されたものである（尾島，1999：103，113）。

　なお，TRIPS 協定では，上記保護内容を実現するため，どのような方式で地理的表示を保護すべきなのかの定めがない。このため，保護方式は各国によ

第2−1表 特別の保護制度を設ける国

アジア	中東	欧州 (EU を除く)	EU	中南米	アフリカ
11 か国	7 か国	17 か国	(28 か国)	24 か国	24 か国

資料:農林水産省「地理的表示法について」(http://www.maff.go.jp/j/shokusan/gi_act/outline/attach/pdf/index-186.pdf, 2019 年 10 月 18 日参照) p 5. 元データは国際貿易センター調べ(2009 年).

り異なり,WIPO は,主要な保護の方式として,①特別(sui generis)な保護制度,②団体商標又は証明商標,③商行為に焦点を当てた方法の3種をあげている[4]。このうち,農産物・食品の地理的表示を特定して保護する方式としては,大別して,EU 等が採用している商標とは異なる特別の保護制度と,米国等が採用している商標制度の活用による方式がある。特別の保護制度を設けて地理的表示保護を行う国は,EU を含め 100 か国以上に達している(第2−1表)。

TRIPS 協定による地理的表示保護に関して,現在,WTO において大きく三つの点について議論が行われている[5]。1 点目は,ぶどう酒等の地理的表示についての多国間通報・登録制度であり,通報・登録制度への参加の任意性と登録の法的拘束力の二つが主要な論点である。このぶどう酒の地理的表示の多国間通報・登録制度については,TRIPS 協定第 23 条第 4 項により TRIPS 協定理事会での交渉事項とすることが,条文上明確にされている(ビルトイン・アジェンダ)。2 点目は,現在,ぶどう酒及び蒸留酒の地理的表示のみに認められている追加的保護を,農産品等他の産品の地理的表示にも拡大することについてである。この点については,第4章3で詳説する。3 点目は,他国で本来の産品以外にも広く使用されている地理的表示の claw-back(取戻し)であり,ある国で一般名称化していると考えられている名称[6]を地理的表示として保護させるものである。いずれの点についても,EU 等と米国等の対立が激しく,議論の方向性は定まっていない。

（３）リスボン協定における地理的表示保護

　地理的表示保護に関する国際協定としては，TRIPS 協定のほか，リスボン協定（1958 年の原産地呼称の保護及び国際登録に関するリスボン協定）がある。この協定では，原産地呼称の保護を規定しているが，この「原産地呼称」は，産品の品質・特徴が生産地の自然的・人的要因を含む地域環境に専ら又は本質的に由来する場合に，その生産地から生じる産品を表示する地理上の名称を指すものである（同協定第２条）。ここで，自然的要因とは．土壌・気象等の地域環境を指し，人的要因とはその地域で伝統的に受け継がれてきた製法・ノウハウ等を指す。TRIPS 協定の地理的表示の定義と比較して，産品の特性に社会的評価が含まれていない点，及び特性が自然的・人的要因を含む原産地の環境に「専ら又は本質的に由来」と規定されており，TRIPS 協定での「主として帰せられる」と規定されていることに比べ，産地の環境との深いつながりが必要とされている点が異なる。つまり，原産地呼称は，TRIPS 協定上の地理的表示の範疇に含まれるものであるが，対象がより限定されていることになる。後述する EU の地理的表示保護における保護原産地呼称（PDO）の定義とほぼ同内容である。

　この「原産地呼称」について，ある加盟国で保護されている原産地呼称を知的所有権国際事務局へ登録することによって，他の加盟国でも保護する仕組みをとっている（同協定第１条第２項）。登録の通知を受けた加盟国は，通知から１年以内に，理由を明示してその名称を保護できないことを宣言できる。保護内容には，真正な原産地が表示される場合，翻訳された場合，及び「種類」「型」等の表現を伴って用いられる場合も含まれており（同協定第３条），手厚い保護内容となっている。さらに，保護されている原産地呼称は一般名称化することはないことが規定され（同協定第６条），一般名称化により保護されなくなることが防止されている。加盟国に拘束力のある国際登録制度を設けている点及び保護水準が高い点で，地理的表示の一部である原産地呼称を手厚く保護する仕組みといえる。ただし，加盟国数は 28 と少数にとどまっており，その点で限界がある。

　このリスボン協定の改訂について，2009年から世界知的所有権機関（WIPO）の作業部会で議論が行われてきたが，2015年に，対象をこれまでの原産地呼称に加えて，地理的表示にも拡大すること等を内容とするジュネーブアクトが採択された[7]。地理的表示の定義はTRIPS協定における定義と基本的に同一である。この改定により，地理的表示全般について，リスボン協定が規定している高いレベルの保護（追加的保護）が与えられるとともに，多国間登録制度の対象となることになる。この2点については，WTOで議論されているが方向性が定まらない課題であり，これがWIPOでは合意されたことになる。このほか，先行商標がある場合も地理的表示を保護できること（商標と地理的表示との併存）を前提とする規定が盛り込まれており，地理的表示の保護の強化を主張するEU側[8]の立場が色濃く反映されている。このように，EUは，WTOにおける地理的表示保護のルール作りが進まない中で，WIPOにおける交渉において，EUで保護される地理的表示が，他国でも高い水準で保護されるルール作りを進めている。この動きに対し，米国は，EUの制度の有害な要素を盛り込むものであり，また，これまでのWIPOの決定慣行を無視したものと批判している[9]。

（4）地域貿易協定における地理的表示保護

　2国間又は複数国間で定められる地域貿易協定においても，地理的表示保護に関するルールは重要な問題になってきている。WTOの事務局スタッフの調査によれば，地域貿易協定に知的財産に関する条項を定めるものが増加しており，特に地理的表示について定めるものが多い。2014年までに発効した地域貿易協定のうち，53％で地理的表示に関する条項を置いており，2010年以降では72％で当該条項を置いている（第2-2表）。これは，個別の知的財産に関する条項としては，最も高い割合である。

　WTO等の場で地理的表示保護をめぐり対立しているEU及び米国は，それぞれが締結する地域貿易協定の中で，自らの立場が反映するよう取組を進めている。

第2−2表　地域貿易協定において知的財産関係条項が定められている割合（％）

発効時期	地理的表示	商標	著作権	伝統的知識・遺伝資源	特許	新品種
〜1994 年	50	50	50	31	50	44
1995〜1999 年	50	50	50	0	40	40
2000〜2004 年	49	49	51	5	51	41
2005〜2009 年	43	42	38	22	42	37
2010 年〜	72	52	50	43	41	39
全期間	53	47	46	24	44	39

資料：内藤（2019）．元データは，WTO（2014）．Intellectual Property Provisions in Regional Trade Agreements: Revision and Update, Staff Working Paper ERSD-2014-14（https://www.wto.org/english/res_e/reser_e/ersd201414_e.htm，2019 年 10 月 18 日参照）による．
注：項目は，2010 年以降で定められている割合が多い順に六つを選択．

　EU は，2国間交渉における地理的表示保護に関する基本的立場として，①高い保護水準での協定を通じた直接的な保護，②効果的な行政的保護措置，③先行商標との併存の確保等をあげている[10]。実際に，EU が韓国，カナダ，ベトナム等と締結した地域貿易協定における地理的表示保護条項を見ると[11]，共通して，①EU の地理的表示を協定の附属書で特定し，②追加的保護の水準での保護を定め，③先行商標がある場合や相手国が一般名称と考える場合であっても保護を追求している。EU の基本的立場を反映したものであり，WTO で主張している，通報・登録制度による保護，追加的保護の拡充，clawback と同一方向の動きである。このような保護強化に向けた EU の立場は，第5章でふれるとおり，日・EU 経済連携協定にも強く反映されている。ここで，EU の立場を示す具体例として，米国と同様に地理的表示の保護の拡充に慎重な立場をとるカナダとの FTA 協定の内容を見ておく。同協定では，EU の主張を踏まえ，協定で特定した農産物・食品の地理的表示について，追加的保護の水準での保護を認めている。一方で，カナダの主張を踏まえ，個別事情に応じた妥協がされていることが注目される。具体的には，①カナダが一般名称と主張していたフェタ等五つのチーズの名称を保護するが，kind 等の表現とともに原産地を明示する場合は，地理的表示産品以外にも名称の使用を容認，②一定の翻訳語は保護の対象外（パルメザン等），③一定の名称について，

永続的な先使用を容認（フェタ等），などの双方が譲歩した扱いが合意されている。

　次に，米国であるが，その基本的立場として，EUの保護拡充の動きに対し，①商標など既存の権利を害さない，②パルメザンやフェタ等の一般名称を使用可能とする，③異議申立，取消機会の付与，④複合名称である地理的表示の中の一般名称を特定させる，⑤追加的保護の対象拡大の動きへの反対等を達成すべく，地域貿易協定やWTO等の交渉に取り組むとしている[12]。実際に米国が締結した地域貿易協定における地理的表示保護条項を見ると，2003年署名のシンガポールやチリとのFTA協定では，①地理的表示は商標で保護できること，②商標の排他的権利は地理的表示に及ぶことを定め，その後署名されたオーストラリア，ペルー，韓国とのFTA協定では，①及び②に加えて，③異議申立手続及び取消手続の整備，④先行商標と混同のおそれのある地理的表示の保護禁止を定めている[13]。このように，米国は徐々に地域貿易協定の地理的表示保護条項を充実させ，先行商標の保護，異議申立手続等を通じた米国事業者の利益確保等の内容を追求している。この傾向は，第5章8．でふれるTPPにおける地理的表示保護条項の内容で更に強まっている。

　このように，EU及び米国は，地域貿易協定の中で自らの立場を反映するよう取組を進めており，地理的表示保護の強化に向けたEUの動きと，これに対抗した米国の動きが対立し，それぞれが関係国を自らの陣営に組み込もうとする動きとなっている。双方の立場は大きく異なることから，ある国がその双方と地域貿易協定を結ぶ場合などは，双方の立場に配慮した国内制度の検討が必要となる[14]。

2．EU における地理的表示の保護

（1）フランス等における地理的表示保護制度の発展

　EU は地理的表示を商標とは異なる特別の制度で手厚く保護している。農産物及び食品の地理的表示について，EU 全体に適用される仕組みが導入されたのは 1992 年であるが，この導入のかなり以前より，フランス，イタリア，スペインといった個別の国ごとに地理的表示を保護する仕組みが整備されてきた。

　フランスにおける地理的表示保護制度は，1908 年に，ワインの原産地に係る名称について，法律に基づく行政命令により，産地を確定することができることとした制度にさかのぼる[15]。この制度は，産地の偽装や低品質ワインが横行する状況に対応するため創設され，これにより，ボルドーやシャンパーニュの産地が確定されることとなった。その後，1919 年に，ワインに加えて，チーズなどの農産物・食品も対象として，原産地呼称を保護する法律が制定された。この法律では，「原産地呼称」を「産地の名称を冠した産品でその産地の忠実な，継続的な用法によるもの」と規定していた（高橋，2009：72）。

　さらに，この法律では生産地の特定を超えて品質の基準が規制されているか明確でなかったため，1935 年には，ワインと蒸留酒を対象に，品質と特性に係る生産条件（生産地，ブドウの品種，単収等）を定め，統制・管理する「統制原産地呼称（AOC）」制度が設けられた。AOC 制度における原産地呼称の定義は，当初 1919 年の法での定義と同一であったが，1966 年に「産品の原産地を示し，産品の品質と特質が産地の自然的要素と人的要素を含む地理上の条件に由来することを示すため，産品に，国，地方，あるいは地域の名称を表示すること」という定義に変更された（高橋，2009：78）。1．（3）で述べたリスボン協定における定義と同内容であり，自然的・人的要素を備えた地域環境に由来する品質等を有する産品についての原産地を示す名称であることが

明確にされた。その後，AOC 制度の対象は，ワイン以外の農産物・食品にも拡大された。なお，AOC をはじめ品質政策に関する統制・管理を行う機関として，INAO（原産地呼称全国機関）が設置されている。

このように，フランスでは，長い歴史的経緯の中で，産地に由来する品質を有する産品の名称を，品質や生産条件を定め・管理した上で保護し，産品の付加価値を高める制度が構築されてきた。

（2）EU 共通の地理的表示保護制度の仕組み

以上のようなフランス等の取組を基礎に，1992 年に EU 共通の保護制度が創設されることになった。現在の根拠となる規則は，2012 年に制定された「農産物及び食品の品質制度に関する 2012 年 11 月 21 日の欧州議会及び理事会規則」（以下「EU 規則」という。）である[16]。EU 規則においては，前文で，地理的表示の保護制度の具体的目的として，農業者及び生産者が，産品の品質，特徴，生産方法に見合った利益を確保し，特定の特徴を持つ産品の確実な情報を提供することで，消費者がより知識を持って購買選択ができることとする（EU 規則前文第 10 項）。また保護の対象範囲は，地理的原産地に固有の結びつきが存在する産品に限定されるべきとする（EU 規則前文第 9 項）。このように，制度の主目的が，原産地に固有の結びつきを有する産品を対象に，適切な情報提供による消費者の選択を通じて付加価値向上を図ることであることを前文で明確にしている。なお，本文第 4 条では，地理的表示保護の目的として，①産品の品質に対する正当な利益の確保，②EU 域内の知的財産としての名称の統一的な保護の保証，③消費者に対する付加価値のある商品特性に関する明確な情報の提供，の 3 点を規定している。

上記の基本的な考え方に従って，具体的な制度が構築されている。仕組みの概要は，原産地の自然的・人的な特徴と結びついた特徴ある産品の名称を登録し，当該名称に係る産品の品質基準・生産基準を明細書として定めて公示し，その基準に適合した産品についてのみ当該名称の使用を認めるものである[17]。

保護される地理的表示には，保護原産地呼称（PDO）と保護地理的表示

(PGI) の２種類がある（第２−３表）。PDO 及び PGI とも，特定の地理的地域を原産地とし原産地と結び付きのある品質等を有する産品を特定する名称であるが，① PGI では，その品質，社会的評価その他の特徴が本質的に原産地に帰せられるとされるのに対し，PDO では，その品質又は特徴が自然的・人的要因を備えた原産地の地理的環境に専ら又は本質的に由来するとされ，地理的環境から生ずる明確な品質等が必要とされること，② PDO では原料生産を含め全ての生産行程をその地域で行う必要があること，という点で，PDO の方が原産地とのより強い結び付きが必要である（EU 規則第５条）。なお，PDO の内容は，リスボン協定の原産地呼称やフランスの AOC の定義とほぼ同内容であり，PGI の内容は，TRIPS 協定の地理的表示の定義とほぼ同内容である。

　地理的表示は欧州委員会への登録により保護される。登録要件は，①前記の PDO 又は PGI の定義に適合すること，②品質や生産方法等について定めた明細書の遵守が確保されていることであるが，③一般名称となっている名称[18]や，既存商標があり，その評判，使用年数等を考慮すると登録名称が産品の独

第２−３表　PDO と PGI

	PDO（保護原産地呼称）(Protected Designation of Origin)	PGI（保護地理的表示）(Protected Geographical Indication)	備考
生産地	特定の場所，地域又は例外的に国を原産地としている		
生産地との結び付き	品質又は特性が，自然的，人的要因を備えた特定の地理的環境に専ら又は本質的に起因している	その地理的原産地に本質的に起因する，固有の品質，評判その他の特性を有している	PDO の方が生産地との結び付きが強い。PGI では，社会的評価がある場合も対象。
生産地で行われる生産行程	生産行程の全てがその地域で行われる（原料もその地域産である必要）	生産行程のいずれかがその地域で行われる	PGI の場合，原料は他地域の物でも可
マーク			

資料：筆者作成.

自性に誤認を招くおそれのある名称等は登録できない（EU規則第6条）。このような要件に合致しない場合は，異議申立の対象となる（EU規則第10条）。

　保護内容については，PDOもPGIも同内容である。すなわち，①登録の対象とされていない産品について登録名称を直接又は間接に業として使用すること[19]，及び②名称の悪用，模倣，想起等が禁止され，これには真の生産地が示されている場合，登録名称が翻訳されている場合，style, type, imitation等の表現を伴う場合が含まれる（EU規則第13条第1項）。この保護内容には，類似産品以外に使用する場合であっても評判の不当な利用になる場合や，名称の類似性等により登録産品を想起（evocation）させる場合なども含まれており，TRIPS協定の追加的保護を超える手厚い保護となっている。さらに，保護されている地理的表示は一般名称とならないことが定められており（同条第2項），一般名称化により保護されなくなることが防止されている。この保護は，特定の者に独占的な使用権を与えるものではなく，明細書に合致した産品を販売する全ての事業者が名称を使用することが可能である（EU規則第12条第1項）。なお，地理的表示登録された産品以外の産品に，登録名称が登録申請前5年以上使用されていた場合は，原則5年以内で暫定的な名称使用を認めることができる[20]（先使用，EU規則第15条）。

　EUの地理的表示保護の特徴として，品質管理，保証の仕組みがある。生産地，品質，生産基準等を定めた明細書が作成・公示され，この明細書の基準に適合する産品についてのみ，登録名称の使用が認められる（EU規則第7条）。地理的表示保護制度を含む品質制度に関する法的要件の遵守を確認するため，管理当局が加盟国により指定され（EU規則第36条），明細書への適合については，管理当局又は管理当局から権限の委任を受けた第3者機関がチェックを行う（EU規則第37条）。また，PDO又はPGIを示すシンボルとなるマークが定められ，登録名称とともにマークを使用することが義務づけられている（EU規則第12条第2項及び第3項）。このように，品質等の基準の設定と第3者機関等による基準遵守の確認によって，品質保証を徹底するとともに，基

準の公示や地理的表示であることを示すシンボル使用の義務づけによって，消費者に情報を伝え，評価を高める仕組みといえる。なお，地理的表示は，原産地の自然的・人的環境に帰せられる特徴を必要とするため，明細書で定められる生産地や生産基準においては，通常，そのような環境を有する生産地で，特徴を生み出せる特別な，伝統的な方法により生産することが定められることになる。これによって，単に狭い意味での品質を保証するだけでなく，条件不利地帯での生産維持，地域の自然的・文化的要素の保護など，持続可能な開発にも資するものとなっている[21]（FAO and EBRD，2018：36）。

　商標との関係については，地理的表示の登録要件（EU 規則第 6 条）で示されているとおり，既存商標と同一・類似の名称が全て登録不可とはならず，商標に係る産品との区別がつけば，地理的表示としての登録が可能となっている。この場合，商標と地理的表示が併存し，既存商標の継続使用が認められる一方，商標より後に登録された地理的表示の使用も，商標権者の許諾なく認められる（EU 規則第 14 条 2 項）。このため，既存商標と地理的表示が併存した場合，商標権者の権利が一部制限されることになる[22]。逆に，地理的表示の登録出願後に商標登録出願がされた場合，その出願は却下され，商標登録を受けられない（同条第 1 項）。

（3）登録の状況と効果

　EU における現在の登録状況を見ると，2019 年末現在，約 1,400 の農産物・食品の地理的表示が登録されおり，内訳は PDO が 642 産品，PGI が 756 産品となっている[23]。品目としては，果物・野菜・穀物，チーズ，肉，肉製品等が多く，地域との強い結びつきが必要とされる PDO ではチーズの登録数が多い。また，国別の登録数としては，イタリア（297 産品），フランス（249 産品），スペイン（192 産品），ポルトガル（138 産品）等の南部ヨーロッパの国の産品の登録数が多い。このほか，同年末現在で，ワインの地理的表示が約 1,600，蒸留酒の地理的表示が約 240 登録されている。

　EU における地理的表示保護に関する効果を包括的に分析したものとして，

第2-4表 EUにおける地理的表示登録産品の価格差

全体	農産物・食品							ワイン	蒸留酒
		食肉	オリーブオイル	チーズ	果物・野菜	水産物	生鮮肉		
2.23	1.55	1.80	1.79	1.59	1.29	1.16	1.16	2.75	2.57

資料：AND International（2012）に基づき，筆者作成.

欧州委員会の資金で行われた調査・分析がある（AND International, 2012）。この調査によれば，2010年のデータで，地理的表示登録産品と登録されていない産品との価格差は，農産物・食品で1.55倍，ワインで2.75倍，蒸留酒で2.57倍となっている[24]。主要な品目別の価格上昇度は第2-4表のとおりであり，品目により価格上昇度合いにかなりの差があるものの，一定の価格上昇効果を示している。

また，この調査によれば，地理的表示産品の販売額は，総額で543億ユーロ（うち農産物・食品158億ユーロ，ワイン304億ユーロ，蒸留酒81億ユーロ）であり，これはEU全体の飲食料産業産出額の5.7％を占めている。この割合の高い国としては，フランス（14.5％），イタリア（9.5％），ギリシャ（9.5％）等がある。また，価格プレミアムから計算される地理的表示保護による付加価値総額は298億ユーロ（うち農産物・食品56億ユーロ，ワイン193億ユーロ，蒸留酒49億ユーロ）となっている。さらに，EU域外に向けた輸出額に占める地理的表示産品の割合は，15％（ワインで87％，蒸留酒で64％，農産物・食品で2％）と，特にワインで高い割合を占める。このように，EUでの地理的表示保護は，総じて，産品の付加価値向上に効果を上げており，輸出面でも，特にワインについて重要な役割を果たしている[25]。

このほか，個別の産品を対象に，地理的表示の効果が実証的に分析されている。例えば，フランスのカマンベールチーズに関しては，一般品，ブランド品，PDO登録産品の価格データに基づくヘドニック・アプローチにより，地理的表示ラベルが支払意思額にプラスの影響を及ぼすとともに，ナショナルブランドといった強いブランドよりも弱いブランドの方が地理的表示ラベルの効

果が高いことが分析されている（Hassan and Monier-Dihan, 2006）。スペインの食肉のPGI登録産品に関しては，部位別の価格データに基づくヘドニック・アプローチにより，地理的表示ラベルが，一定程度高品質な部位について支払意思額にプラスの影響を与える一方，低品質部位や最高品質部位についての影響は明確でないことが分析されている（Loureiro and McCluskey, 2000）。これらの分析は，一定の品質を有するがまだ十分な評価を得ていない産品について，地理的表示を活用することで，大きな価格上昇効果を享受できることを示唆するものである。また，支払意思額の上昇をもたらす経路については，地理的表示ラベルが，品質保証という面と地域経済に利益になるという二つの側面で，消費者の購買行動や支払意思額に影響を与えることが分析されている（van Ittersum et al., 2007）。これは，EUにおいて，地理的表示対象産品が，品質面からだけでなく，その地域を支えるというイメージからも，消費者に選好されていることを示すものと考えられる。

　なお，価格以外の効果として，イタリアのPDO産品であるパルミジャーノ・レッジャーノを事例に，雇用増加や環境維持の効果が示されているほか（de Roest and Menghi, 2000），幅広い産品を対象に，産品の多様性の維持，伝統や景観の維持を含む持続的な地域経済の発展，地域の文化的価値の確立等の効果が分析されている（London Economics, 2008：224-263）。このような効果を持つ地理的表示について，持続可能な開発に貢献するものとして，ある種の公共財と考えられるのではないかとの議論も行われている（Sylvander et al., 2011）。

3．米国における地理的表示の保護

　米国は，農産物・食品の地理的表示保護について特別の制度を設けておらず，地理的表示は商標制度の枠内（証明商標又は団体商標）で保護される。米国は，従来，地理的表示の保護には証明商標制度を活用すれば十分と主張していることから（高倉，2000：29），以下では証明商標制度について説明する。

証明商標は，原産地，製造方法，品質等の証明を行うことを目的とする商標である[26]（米国商標法第45条）。この証明商標の登録者が，定められた商標の使用基準に従い，商標の使用許可を行うことによって，証明内容に適合する商品に商標が使用される仕組みとなっている[27]。米国商標法上，主として地理的に商品を記述するものは登録を受けられないことが原則であるが，この証明商標については，原産地を表示するものも登録が可能である（米国商標法第2条）。この証明商標の登録に当たっては，商標使用の条件を明示すること，出願人が商標使用に関して適法な管理を行うことを主張すること，他人がその商標を使用することができるか否かを決定する基準書を提出することが義務づけられる（米国商標規則§2.45）。また，登録人が商標の管理をしていないときや，商標が証明する基準又は条件を維持している者の商品等を証明することを差別的に拒絶するとき等は登録の取消の対象となる（米国商標法第14条）。

　権利内容としては一般の商標と同内容であり，登録商標の複製，偽造等の使用が，混同若しくは錯誤を生じさせ又は欺罔するおそれがあるときが権利侵害となる。「混同」等を要件とする保護であり，想起させる場合までも保護対象に含むEUの地理的表示保護制度と比べ，保護内容は限定的である。

　以上のように，証明する内容が定められ，登録人が使用許可を通じて内容を管理する仕組みとなっているため，証明商標によって生産地，製造方法，品質等を保証することができる。また，登録された商標は商標権により保護されるが，商標登録人は証明する基準等を満たす者に対して証明を拒めないこととされているので，証明する基準等を満たす者であれば，その商標を使用できることとなる。したがって，証明する内容を産地，生産方法，品質等の地理的表示の内容とすれば，証明商標制度はEUの地理的表示保護制度と類似する機能を果たすこととなる。

　しかしながら，産品の品質等の特性と地域との間に実質的なつながりがあることは，証明商標の登録要件に含まれない。また，登録に当たって，商標の使用基準の妥当性については審査されないことから，仮に特性と原産地との実質的なつながりがある産品についての商標であっても，生産地域の範囲，原産地

と特性の関係等の妥当性が審査されるわけではない。このように，地名を含む商標であっても，TRIPS 協定の地理的表示の定義にある「特性が当該商品の地理的原産地に主として帰せられる」という要素が担保されているとは限らず，登録された地理的名称であっても地理的表示に該当するとは限らない。つまり，証明商標制度で地理的表示に該当する名称を保護することは可能だが，地域環境に帰せられる特性があることを理由に，それを確認した上で保護する仕組みではない。

　また，商標の使用基準については，公報に掲載されるのはその要旨に限られ[28]，基準に該当するかの判断は登録人に任されている[29]。したがって，証明商標制度においては，基準適合の確認やどのような情報を伝えるかは商標登録人に委ねられており，政府が積極的に関与して消費者に情報を伝達し，消費者選択に資するという政策手段ではない。不適正な名称使用に対する対応も，行政が積極的に行う EU の保護制度とは異なり，権利者が権利行使として，差止めや損害賠償を通じて行うことになっており，事業者の取組を中心とする仕組みである。

4．EU 及び米国の保護制度の違いとその背景にある考え方

（1）地理的表示保護の根拠，効果

　EU 及び米国の保護制度を比較する前に，地理的表示保護の理論的根拠や効果について整理しておきたい。地理的表示保護の根拠については，①情報の非対称性の解消による消費者の探索コストの削減と消費者余剰の増加，②価格上昇による生産者余剰の増加，③生産地と品質のつながりの保護による，地域，特に条件不利地帯の経済への利益，④動植物品種や風景，文化的多様性を含む多様性の保護等があげられる（Herrmann and Teuber, 2011：815-816）。これに関して，T. Josling は，消費者が必要な情報を得られる利益と，競合事業者や消費者に生じる不利益を個別に比較することが必要であり，さらに，情報は生産者によっても伝達可能であるため，地域の公益問題として虚偽表示禁止

以上の公的介入を正当化するには，地域の生産者集団のみでは，信頼できる情報・品質スキームを確立できないことが必要と指摘する（Josling，2006：341-342）。地理的表示の対象となる農産物・食品のブランドの場合，地域の多くの生産者により生産されることからフリーライダーが生じやすく，また，気候条件等により品質が変動しやすいこともあり，情報・品質確保のスキームを確立するコストは比較的高いと考えられる[30]。こういった地理的表示の確立・維持のために必要となる調整や取引費用が，地理的表示が公的機関により運営・支援される理由と指摘されている（Fink and Maskus，2006：199）。

　地理的表示保護による利益・不利益については，需要・供給モデルによる総余剰の分析が行われている。制度導入後の情報提供等により需要曲線が上方に移動するとともに，品質基準の遵守・確認コストの上昇により供給曲線も上方に移動し，均衡価格は上昇するが，総余剰の増減は状況により異なる（Herrmann and Teuber，2011：818-821）。厳格な基準を設定し，基準遵守の確認を厳格にした場合，総じて，評価の高まりにより需要曲線の移動が大きくなる一方，コスト増も大きく供給曲線の移動も大きくなる。八木浩平らは，Herrmann and Teuber の研究を参照し，保護制度への登録により，総余剰が増加するケースと総余剰が減少するケースを第2−1図のとおり示し，保護の厚生効果を分析している（八木ら，2019a：77-79）。ここで，図のイ及びロのどちらとも，D は登録前の需要曲線，S は登録前の供給曲線を示し，価格 p0，数量 q0 で均衡している。登録により，需要曲線は D′に，供給曲線は S′に移動し，均衡価格は p1，均衡数量は q1 となる。消費者への情報提供による需要曲線の移動が比較的小さい一方，供給曲線の移動が比較的大きい場合は，ロのケースとなり，総余剰が減少する。このように，保護によって必ずしも総余剰が増加するとは限らないことに留意する必要がある。

　また，地理的表示登録により生産者集団に供給をコントロールする力が生じることから，産品の保護と生産者団体への市場支配力の付与とのトレードオフを考慮すべきとの指摘もある[31]（Teuber et al.，2011：6）。これに関し，EU の制度では，生産者団体への加入を名称使用の要件とせず，明細書の基準に合

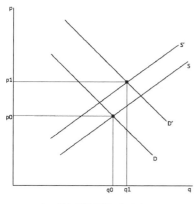
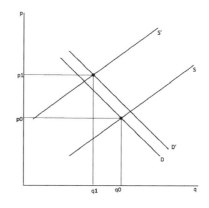

イ　総余剰が増加するケース　　　　　ロ　総余剰が減少するケース

第2−1図　保護制度への登録による需給曲線の変化

出所：八木ら（2019a：78）．

致した産品を販売する全ての事業者が名称を使用できるとすることによって，ルールを守る者が参入できるようにし，悪影響を小さくしていると考えられる。

（2）EU 及び米国の保護制度の比較

　2及び3で述べた EU の地理的表示保護制度及び米国の証明商標制度を比較したものが，第2−5表である。特に，保護の対象・効果と，消費者等に対する品質保証・情報伝達の二つの点で次のような差が見られる。

　まず，保護の対象・効果については，EU の保護制度では，保護対象を原産地と実質的なつながりがある特性を持つ産品の表示に限定し，原産地の地域環境が品質等の特性を生み出すとの考え方の下，消費者の混同を招かない場合であっても，当該表示を登録産品以外に使用することを禁止している。一方，米国の証明商標制度では，出所，特性等は数多くある証明内容の一つに過ぎず，特性と原産地の実質的つながりは必要とされない。保護の効果は，消費者の混同等を招く表示を権利侵害として禁止することにとどまる。

　次に，消費者等への品質保証，情報伝達については，EU の保護制度では，生産地，生産基準，品質基準が明細書として公示されるとともに，その品質等の基準に適合していることが公的に確認された上で，統一マークによって基準に適合した産品であることが伝えられる仕組みとなっている。一方，米国の証

第2－5表　EU の地理的表示保護制度と米国の証明商標制度の比較

	EU の地理的表示の保護制度	米国の証明商標
対象	商品の品質等の特性が，原産地と結びついている場合に，原産地を特定することとなる表示	商標登録者以外の者に使用される商標で，商品等の地理的その他の出所，材料，製造方法，品質等を証明するもの
産品の特性と原産地との関係	産品の特性と原産地（自然的，人的要因を備えた環境）との実質的つながりが必要であり，登録に当たりその内容を審査	産品の特性と原産地との実質的なつながりは必要としない。つながりがある場合であっても，内容の審査はされない。
保護内容	登録産品（明細書を満たすもの）以外のものに対する名称使用の禁止。真正な産地を表示する場合，翻訳された場合，「style」「type」等の表現を伴う場合も禁止。その産物を想起させる場合等も禁止	登録商標の複製，偽造等の使用が，混同若しくは錯誤を生じさせ，又は欺罔するおそれがあるときが権利侵害
権利者	特定の個人，団体を権利者とするものではない	商標登録者（その商標を登録した，商標を管理する能力のある者）
名称を使用できる者	明細書の基準を満たすものについては，誰でも使用可	商標登録者から証明を受けた者（商標登録者は証明を拒めない）
基準の設定	明細書に生産地，生産基準，品質基準等を定め，欧州委員会が審査した上で登録。内容を公報に公示	商標使用の基準を定めることが必要。基準の要旨が公報に公示
基準との適合性の確保	明細書への適合について行政又は行政から権限を与えられた独立の第3者機関がチェック	商標登録者が，使用許可を通じて管理（事後的な取消はあるが，行政は管理内容をコントロールしない）
統一マーク	地理的表示に該当することを示す統一マークの使用を義務づけ	なし
違反（偽装品）に対する対応	基準を満たさないものについて行政による取締り（真正な生産者による差し止め等も可能）	原則，商標登録者が対応
存続期間	無期限（保護要件を満たす限り永続）	10 年，更新可能
その他	登録名称は一般名称となることはない	

資料：筆者作成.

明商標制度では，証明基準の要旨は示されるものの，基本的に，どのような基準で証明を行うかを示すことは商標登録者に任されており，基準の内容や証明方法について公的な確認は行われない。消費者等への品質保証・情報の伝達，ひいてはこれを通じた産品の価値向上は事業者に任されていることになる。

　このように EU の地理的表示保護制度と米国の証明商標制度は，①特徴ある地域環境が，特別の品質等の特性を生み出すとの考え方をとるかどうか，②行政関与の品質保証・情報提供か，事業者に任せるか，といった点で大きく異なる。以下この2点について検討する。

（3）保護制度の違いの背景にある考え方1（テロワールの考え方をとるかどうか）

　（2）で示したとおり，EU の保護制度は，保護の基礎に，気候・土壌などの自然的要素と伝統的ノウハウ等の人的要素を備えた地域が，特別の品質等の特性を生み出すとの考え方を置いている。この特性を生み出す地域は「テロワール」と呼ばれており[32]，この考え方が EU の地理的表示保護制度を性格付ける最も基本的な考え方である。そして，この考え方を具体的に裏付けるのが，生産地，生産の方法，品質等の基準等を定めた明細書であり，この明細書の基準を満たす産地で，定められた生産方法に従って生産された，特別の品質等を持つ産品のみが保護の対象となる。

　Josling は，地理的表示保護を，テロワールの概念に法的表現を与えるものとし，地理的表示が特性を示す情報となる場合は有用だが，品質と地域とのつながりがない場合には，消費者選択をゆがめ競争制限的になるとしている（Josling, 2006：338）。EU の地理的表示保護は，産品の特性と地理的原産地に固有の結びつきが存在する産品が存在することを前提に，このような産品の名称に限って，保護を行う仕組みである[33]。この EU の制度に関し，荒木雅也は，立法趣旨を，一定地域内の自然環境の特徴と地域住民の営為との結びつきによって生じる独特の品質や特性を保護するために，その産地を示す表示を権利者のみに使用させることとし，制度の正当性は商品の品質・特性が産地の自

然的・人間的環境に起因するという仮定が正しいか否かにかかっているとする（荒木，2005：573）。

　このテロワールの考え方に対し，J. Huges は，テロワールの観念を，インプット（テロワールの要素）とアウトプット（特徴的な品質）に分解し，インプット面では，生産地の地質，植物相，気候といった点で一貫していることはほとんどないとし，アウトプット面では，同一産品内で品質に差があり，また，品質を他の産品と明確に区別することが難しいとして，双方の面からテロワールの考え方を否定し[34]，地理的表示に消費者の混同に基づく保護（すなわち商標が認める保護）を超える特別の保護を与える正当化根拠はないと主張している（Huges，2011：292-310）。

　米国の商標制度による地理的表示の保護は，地域環境が特別の品質を生み出すというテロワールの考え方はとっておらず，消費者の混同等を防止する保護として構成されており，Huges の考え方と一致する。

（4）保護制度の違いの背景にある考え方2（行政関与の品質保証か，事業者に任せるか）

　EU の保護制度では，産品に関して生産者が定めた基準（明細書）を審査・登録し，その内容を公示し，行政が強く関与して基準遵守の確認を行う。また，産品の流通において地理的表示に該当することを示すマーク使用を義務づけること等によって，当該産品についての品質保証・情報提供を行い，消費者選択を通じて，産品の付加価値を向上させる仕組みとなっている[35]。これは，生産者と消費者の間に存在する，情報の非対称性を解消する手法となっているが，各事業者が適切な情報を提供するのを促すことを超えて，品質保証・情報提供に行政が積極的に加わることで，情報の妥当性・信頼性を高め，生産者の利益確保を追求する政策として位置付けられ，この旨は EU 規則前文で示されている。また，基準遵守を行政が確認して担保することから，基準遵守が確認された産品には広く名称使用を認める仕組みとなっており，特定の団体に名称の使用を独占させる仕組みとはなっていない。

　これに関しては，（1）でJoslingの指摘について述べたとおり，地域の生産者集団のみでは必ずしも信頼できる情報・品質スキームを提供できない状況に対応して，登録，基準設定等の運営に政府が関与する仕組みと考えられる。また，原産地呼称について，原産地をめぐる産地，品質等に関する地域レベルの合意が，認可によって検証・正当化され，呼称を認証する規制的管理が信頼に結びつくとの指摘や（新山，2000：52-56），フランスのAOC制度について，消費者に対し品質を証明し，生産者に対しては付加価値を高める品質政策の一環との指摘がある（高橋，2009：115）。EUの制度は，（1）で述べた総余剰の分析との関係では，品質評価による需要曲線の移動を大きくすることを狙いとするが，基準遵守の確認コスト等の増による生産曲線の移動も比較的大きいと考えられる。

　一方，Hugesは，EUの保護制度を，過度に官僚的で，不要な取引費用を課すと批判する（Huges，2010：215-220）。また，経済に対する官僚機構による介入を伴うものであり，政府対市場，あるいは何を市場のシグナルに委ねるかという，より大きな問題の一つの事例と指摘する。米国の証明商標制度では，基準確認や情報伝達は，権利を有する事業者に任されており，行政は積極的に関わっていない。権利者を特定し，その事業者の努力によって価値向上を図るものであり，官の介入をあまり伴わない仕組みといえる。

（5）地理的表示保護をめぐる二つのアイディア

　本章2以降では，EUと米国の地理的表示保護制度の概要とその特徴を整理してきた。この二つの制度を，地理的表示をどのように保護するかという政策アイディアとの関係で検討すると，（3）及び（4）で示したとおり，①地域環境が特性を生み出すという考え方（テロワールの考え方）をとるか（A），とらないか（B），②行政関与の品質保証・情報伝達により高付加価値を図るか（X），事業者の取組に任せるか（Y），という二つの要素で考え方に違いがある。この二つの要素によって，地理的表示の保護制度等を分類したものが，第2－6表である。

第2−6表　EU 型と米国型の位置付け

	自然環境，独自のノウハウなど特徴ある地域環境が特別の特性を生み出すことを前提に保護を行う	地域環境が生み出す特別の特性を前提にしない
行政が関与して基準適合を保証し，情報を伝えることで，価値の向上を図る	EU の地理的表示保護制度	JAS 制度，農産物検査制度等
取組内容は事業者に任され，専ら事業者の取組により高付加価値化が図られる		米国の商標制度による保護

資料：筆者作成.

　ここで，EU の地理的表示保護制度は A-X に位置付けられ，米国の証明商標制度は B-Y に位置付けられる。両制度は，産地名を含む産品の名称を保護することができる制度という点では共通するものの，その制度の背景となる考え方には大きな差がある。このように，地理的表示の保護について大きく二つの異なるアイディアが存在していることとなる。

　次章以下では，この地理的表示保護に関する二つの政策アイディアに着目し，第2章2−1で触れたアイディアの果たす機能やアイディアをめぐるアクター間の相互作用に関する先行研究の内容を踏まえつつ，我が国における地理的表示保護制度創設に関する政策過程を見ていくこととする。

　なお，地域環境が生み出す特別の特性を前提としないものの，行政が関与して基準適合を保証し，情報伝達を行う仕組み（B-X）としては，全国一律のJAS 規格を定めてそれに適合する産品のみに JAS マークの使用を認める JAS制度等が位置付けられると考えられる。

注(1)　乳製品等について，旧大陸から新大陸への移民等によって，同じタイプの産品が生産され，同じ名称で販売されていることも背景の一つである。
　(2)　これに関し，林政徳は，「大量生産・大量消費型」と「少量生産・少量消費型」の二つの農業と農産物・食品貿易のビジネスモデルの違いを背景とした「制度間調整」の問題と指摘する（林 2015a：147）。
　(3)　ウルグアイ・ラウンド終結のための閣僚会議がモロッコのマラケッシュで開催された日。
　(4)　WIPO. Geographical Indications, https://www.wipo.int/geo_indications/en/（2019 年

10 月 18 日参照）。なお，商行為に焦点を当てた方法とは，不正競争防止や消費者保護を目的とした制度による方法である。例えば，我が国では，不正競争防止法第 2 条第 1 項により，商品の原産地，品質等について誤認させる表示をすることが不正競争として禁止されており，従来，この規定により，地理的表示の保護が図られてきた。

(5) 地理的表示保護に関する WTO での議論の進展については，主に，Katuri Das（2010）及び今村（2013）を参照した。

(6) 例えば，ワインのボルドーやシャブリ，チーズのフェタやゴルゴンゾーラ等が EU によってリスト化されている。

(7) ジュネーブアクトの採択の経緯，内容等については，高木（2016）を参照した。

(8) EU 構成国のうちリスボン協定加盟国は，フランス，イタリア等 7 か国であり，EU 構成国全てがリスボン条約に加盟しているわけではない。

(9) USTR. (2017). 2017 Special 301 report, https://ustr.gov/sites/default/files/301/2017%20Special%20301%20Report%20FINAL.PDF（2019 年 10 月 18 日参照）

(10) European Commission. (2018). Report on the protection and enforcement of intellectual property rights in third countries, Commission Staff Working Document SWD (2018) 47, https://trade.ec.europa.eu/doclib/docs/2018/march/tradoc_156634.pdf（2019 年 10 月 18 日参照）.
地理的表示については，pp.51-53 に記述されている。

(11) 協定が署名されたのは，韓国との FTA 協定が 2010 年，カナダとの FTA 協定が 2016 年，ベトナムとの FTA 協定が 2019 年である。それぞれの協定の地理的表示保護条項の内容については，内藤（2019）を参照。

(12) USTR. (2018). 2018 Special 301 report, https://ustr.gov/sites/default/files/files/Press/Reports/2018%20Special%20301.pdf（2019 年 10 月 18 日参照）.

(13) 協定が署名されたのは，シンガポール及びチリとの FTA 協定が 2003 年，オーストラリアとの FTA 協定が 2004 年，ペルーとの FTA 協定が 2006 年，韓国との FTA 協定が 2007 年である。内容については，内藤（2015b）を参照。

(14) 例えば，韓国は EU 及び米国双方と地理的表示保護に関する事項を内容に含む FTA 協定を締結している。両協定の内容の差異及び両協定の狭間での韓国国内法での対応は，大町（2012）及び内藤（2015b）を参照。

(15) フランスの地理的表示保護制度の歴史については，主に高橋（2009）及び青木（2008）を参照した。

(16) R（EU）No1151/2012。ワイン・芳香ワイン，蒸留酒の地理的表示は，それぞれ別規則により保護される。以下の説明は，基本的に農産物・食品の地理的表示に関するものである。

(17) EU の保護制度の詳細については，内藤（2013）を参照。

(18) 一般名称は保護できないこととされているが，米国等が一般名称と主張する，フェタ，ゴルゴンゾーラ等の登録はされており，米国等との間で問題が生じる問題となる。

⒆　表示が禁止される場合は，類似産品への使用又は登録名称の評判の不当な利用になる場合であり，当該産品が材料として用いられる時を含む。

⒇　第5章8.で詳述するが，我が国制度では，先使用が認められる期間の制限はなかったが，EUとのEPA協定を踏まえ，原則7年以内に制限された。EUでは，この点においても，地理的表示を手厚く保護しているといえる。

㉑　ただし，経済的発展，環境保護及び社会厚生はしばしばトレードオフの関係にあることが指摘されており，地理的表示保護制度が持続的開発に貢献できるよう，地域の関係者が留意すべき点に関して提言が行われている（FAO and EBRD, 2018：36-37）。

㉒　この商標権の内容を一部制限するEUの仕組みについて，EUと米国等の紛争となったが，WTOのパネル報告では，TRIPS協定第17条により商標権を一部制限することは可能であり，TRIPS協定に違反しないとされている。

㉓　データは，EUの地理的表示に関するデータベースであるDOORによった。
European Comission. DOOR,
https://ec.europa.eu/agriculture/quality/door/list.html;jsessionid=pL0hLqqLXhNmFQyFl1b24mY3t9dJQPflg3xbL2YphGT4k6zdWn34!-370879141（2019年10月18日参照）.
　　なお，現在，食品等の地理的表示のほか，ワイン等の地理的表示も含めて，次のデータベースが提供されている。
European Comission. eAmbrosia,
https://ec.europa.eu/info/food-farming-fisheries/food-safety-and-quality/certification/quality-labels/geographical-indications-register/

㉔　この価格差は，同一品目分野の地理的表示登録産品と登録されていない産品の卸売価格（2010年データ）を比較したものであり，ある産品が登録によって価格上昇したかを分析したものではないことに注意が必要である。

㉕　EUの農産物・食品のGI保護が貿易に与える影響について，1996年から2014年のデータを用いた分析により，GI登録が輸出促進や輸出価格のマージンを増加させる効果を持つこと，これはEU域内貿易，域外貿易に共通していること等が指摘されている（Raimondi et al., 2020）。

㉖　米国商標法第45条では，証明商標は，①語，名称，記号若しくは図形又はその結合で，②その所有者以外の者によって使用されているか，その所有者が所有者以外の者に使用させる意図を有し，登録簿への登録を出願するものであって，③商品又はサービスの地理的その他の出所，材料，製造方法，品質，精度その他の特徴又は作業又は労働が組合その他の組織の構成員にされていることを証明するものと定義されている。

㉗　ここに記載した内容については，米国商標法の規定のほか，知的財産研究所（2011：19-23）を参考としている。

㉘　インターネットでは，商標の使用基準を確認することが可能である。

㉙　適切な管理を行っていない場合は，事後的な取消の対象になり得る。

㉚　新山陽子は，ヨーロッパにおいて，事業者自身が行う品質保証が，保証の客観性の確

保，ただ乗りの防止ができなかったことから失敗し，権限ある機関が検証を行う認証制度の導入により信頼が回復したと指摘している（新山，2004：145）。

(31) ただし，この点に関しては，特別な制度による保護だけでなく，権利者に独占的な名称使用権が与えられる商標による保護においても，同様の問題が生じ得ると考えられる。

(32) フランス国立農業研究所（INRA）と全国統制原産地呼称機構（INAO）によれば，テロワールとは，「限定された地理的空間である。すなわちそこでは，物理的・生物学的環境と人的要因全体の間の相互作用に基づいた生産の集合的地域を形成しており，このような社会技術的軌跡がこうした地理的空間に由来する産品に特異性を付与し，その評判を高めている」（須田，2014：73）。

(33) ただし，PGIについては，原産地に帰せられる品質がある場合だけでなく，社会的評価がある場合も対象となる。これに関し，社会的評価のみで，産地に帰せられる品質がない場合も保護対象となるか（品質中立主義）については，議論がある。

(34) 佐藤淳は，機能や品質のようなはっきりした優劣ではなく他の要素で顧客を引き付ける差別化を水平的差別化とした上で，この水平的差別化の大成功例として，フランスは，科学的には異論もあるが，土地の特性がワインの品質であるというテロワールが重要であるという物語によって高い付加価値を実現していると指摘している（佐藤，2021：ii-iii，110）。

(35) 行政関与の登録・基準設定，認証の仕組みについて，商標制度に比べ厳密性や地域とのつながりが重視されているものの，情報の非対称性解消及び消費者利益の観点から必ずしも十分でなく，行政に加え，サプライチェーン各段階の関係者，NGO等の団体，研究者等，様々な関係者の関与が必要との指摘がある（Gangjee, 2017）。行政関与の品質保証の仕組みを効果的に成り立たせていくためにどのようなガバナンスが必要か等については，今後検討すべき課題と考えられる。

第3章　地理的表示保護制度の検討と創設失敗，地域団体商標制度創設の過程（2004年及び2005年の地理的表示保護をめぐる政策過程）

　本章では，我が国で2004年頃検討が開始された地理的表示保護制度に関し，農林水産省による検討の経緯とこれに対する特許庁の反応や内閣法制局の指摘を整理し，農林水産省が法案の提出断念に至った過程を分析する。あわせて，商標制度による地域ブランド保護の仕組みである地域団体商標制度創設に向けた特許庁の検討の過程と，2005年に成立した同制度の内容を分析する。その上で，第2章で整理した地理的な名称の保護に関する二つの政策アイディアを踏まえて，地域団体商標制度の位置付けやEUの地理的表示保護制度との違いを整理する。

1．検討の開始

（1）2004年当時の我が国における地理的表示等地域ブランド保護の状況

　第2章で述べたように，1995年発効のTRIPS協定は，ぶどう酒等の地理的表示については，原産地の誤認を要件としない積極的な保護を，その他の産品の地理的表示については，原産地の誤認を招く表示を禁止する消極的な保護を，加盟国に求めている。我が国においては，この内容に対応するため，酒の地理的表示については，酒税の保全及び酒類業組合等に関する法律（以下「酒団法」という。）に基づく積極的な保護が，その他の産品の地理的表示については，不正競争防止法に基づく消極的な保護が講じられた。

　酒団法は，酒類の取引の円滑な運行及び消費者の利益に資するため酒類の表示の適正化を図る必要があると認めるときは，酒類製造業者又は酒類販売業者

が遵守すべき必要な基準を定めることができるとしており（酒団法第86条の6第1項），この基準を遵守しない者に対しては，大臣が指示，公表，命令を行うことができ，命令違反は50万円以下の罰金の対象となる。この規定に基づき，1994年に，地理的表示保護を内容とする「地理的表示に関する表示基準を定める件[1]」が定められた。この告示では，「地理的表示」を，ぶどう酒，蒸留酒，清酒に関し，「その確立した品質，社会的評価その他の特性が当該酒類の地理的原産地に主として帰せられる場合において，当該酒類が世界貿易機関の加盟国の領域又はその領域内の地域若しくは地方を原産地とするものであることを特定する表示」と定義し，TRIPS協定の定義を採用した。そして，①日本のぶどう酒・蒸留酒の産地のうち国税庁長官が指定するものを表示する地理的表示[2]，②世界貿易機関の加盟国のぶどう酒・蒸留酒の産地を表示する地理的表示のうち当該加盟国において当該産地以外の地域を産地とするぶどう酒等について使用することが禁止されているもの，③日本の清酒の産地のうち国税庁長官が指定するものを表示する地理的表示，について，当該産地以外の地域を産地とするぶどう酒等に使用することを禁じ，その対象には真正の原産地や「種類」，「型」等の表現を伴う場合も含むとした。つまり，規制の形式による独自の保護制度によって，追加的保護の水準で，酒類の地理的表示を保護する仕組みである。

　酒類以外の産品の地理的表示については，不正競争防止法による消極的な保護が図られた。同法は，事業者間の公正な競争等を確保するため，不正競争を規制する法律であり，不正競争による営業上の利益を侵害された者に対して，差止請求権（同法第3条），損害賠償請求権（同法第4条）を認め，不正競争を行った者に対する罰則[3]も措置している。ここで，同法の対象とする「不正競争」として，「商品の原産地，品質，内容，製造方法，用途若しくは数量」等について誤認させるような表示をし，又はその表示した商品を譲渡等すること（原産地等誤認惹起行為）が定められている[4]。この原産地表示には，地理的表示が含まれていると解されているため（小松，2007：600），地理的表示を使用して原産地を誤認させる場合は，不正競争としてその行為が規制される

ことになる。このように，酒類以外の地理的表示については，対象となる地理的表示を特定せずに，商行為に焦点を当てた方式によって，原産地の誤認を招く表示を禁止することを通じて保護された。

なお，ブランドの代表的な保護制度である商標制度であるが，商標制度により，産地の名称を保護するのは難しかった。というのは，商標制度は，その商標によって誰の業務に係る商品等であるかを識別することができるものを対象としており，「その商品の，産地，販売地，品質，原材料…を普通に用いられる方法で表示する標章のみからなる商標」（商標法第3条第1項第3号）は，原則として登録を受けられないからである。このため，産地名と産品名から構成される名称は，その名称だけでは登録を受けることができず，図形やロゴとともに登録されてきた[5]。この場合，図形・ロゴとともに名称が使用される場合に商標権の効力が及び，名称のみでは効力は及ばない。ただし，夕張メロンのように，その産地名と産品名から構成される名称が使用された結果，全国的に著名となり，誰の業務に係る商品等か識別することができるようになったものについては，名称のみでも，例外的に登録が可能である[6]（同法第2項）。

このように，地理的表示の積極的な保護は，対象が酒類の地理的表示に限られており，EUのような農産物・食品全般を対象とする地理的表示保護制度は設けられていなかった。また，産地名と産品名を示す名称としての地域ブランドについては，商標法で保護することが難しい状況にあった。

（2）新たな地域ブランド保護制度創設の検討の開始

2004年に入り，地域ブランド保護に関する制度の創設について，いくつかの政府・関係省庁の決定が行われている。まず，政府の知的財産戦略本部は，5月に知的財産推進計画2004[7]において，「農林水産物等の地域ブランドの保護制度のあり方について，産品・製品等の競争力強化や地域の活性化，消費者保護等の観点から，（一部省略）2004年度に検討を行う」との内容を決定した。これは，農林水産物を例示にあげてはいるものの，工業製品を含む地域ブランド全般を対象とするものであり，また，どのような保護の手法をとるかについ

ては限定しない内容であった。また，担当省庁として，農林水産省，経済産業省の両省が並列してあげられていた。なお，本計画では，知的財産立国実現に当たって配慮すべき事項として地域の振興をあげており，また本計画の内容について意見交換を行った4月の本部会合⁽⁸⁾では，委員から地方の活性化方策の一つとして地域ブランドの保護制度の整備が提案されていることを踏まえれば，検討の目的の中心は地域振興のための地域ブランド保護であったと考えられる。また，6月に定められた，経済財政運営と構造改革に関する基本方針2004⁽⁹⁾（いわゆる「骨太の方針」）では，「新産業創造戦略」の推進として，地域の資源を活かしつつ創造的な地域産業の再生を図るための重要施策の一つとして，地域ブランドの形成・発信をあげている。

　前後して，農林水産省，経済産業省は，地域ブランド保護の新制度の検討に取り組むことを決定している。農林水産省は，5月に農林水産大臣名で取りまとめた農政改革基本構想⁽¹⁰⁾において，食品等の地域ブランドの保護制度の検討として，「地域ブランドの確立を図り付加価値を高める観点から，食品等の地理的表示の保護を強化するための制度のあり方についての調査・検討の実施」を打ち出した。ここでは，「地理的表示」という言葉が明記されており，農林水産省としては，地域環境に帰せられる特性を持つ産品についての地理的表示保護制度を念頭に検討を開始したことがわかる。

　一方，経済産業省は，5月の新産業創造戦略⁽¹¹⁾において，「特色ある地域づくりの一環として，地域の特産品に係る「地域ブランド」の確立を支援するため，地域ブランドを保護する制度の整備を検討する」ことを決定している。同戦略においては，食の魅力，安全・安心，健康を提供できる食品群が生まれる地域環境を作り上げることや，優れた地域環境や新食品の魅力を示す「地域ブランド」を形成することがうたわれており，伝統的な地域ブランドよりむしろ，新産業を創設してくため，新しいブランドを形成していくことに主眼があったと考えられる。

（3）農林水産省及び特許庁の体制

　この新たな地域ブランド保護制度の検討を行った両省の体制であるが，農林水産省では，総合食料局食品産業企画課が担当した。総合食料局は，食品の安定供給，食品産業の振興，主要食糧に関する政策等を担う局として2001年に設置され[12]，食品産業企画課は食品産業に関する施策の企画・立案等を所掌事務としており，他の農林水産省の多くの局・課と同様，主に特定の産業の振興を担う部局であった[13]。地理的表示保護制度の検討は，食品産業政策の一環として，地域の特色ある食品産業の振興を重点に行われることとなった。同課は，後に地理的表示保護制度の再検討・実施を担当することとなる知的財産課[14]（2014年の再検討当時の名称は新事業創出課）と異なり，知的財産に関する事務は行っておらず，知的財産制度に関する知見は乏しかった。また，地理的表示の制度化の課題に対応できる学者等の専門家が，知的財産分野の課題として検討し，行政がその意見を聞く体制は整えられていなかった。

　一方，経済産業省では，特許庁総務部総務課制度改正審議室及び審査業務部商標課が担当した。特許庁は，産業財産権制度を取り扱う専門家集団であり，知的財産に関する幅広い知見を有していた。この特許庁については，総定員（2018年度）2,778人中，産業財産権の登録審査を行う審査官1,874人，登録の有効性を審判する審判官383人で，審査官・審判官をあわせて2,257人と全体の81％を占める（なお，2018年度に加えて，地理的表示保護制度創設に関する農林水産省と特許庁の調整が行われた2004年度及び2012年度のデータについて，第3−1表に示した。）。この審判官・審査官の多くは，特許審査官として特許庁で採用された者であり，特許庁内を中心にキャリアを積んでいる[15]。このように，組織の人員の多くを，知的財産に関する業務を日常的に行う職員が占め，また，人事ローテーションは基本的に特許庁内で行われている。京俊介は，著作権法改正を担当する著作権課について，所掌事務が，制度官庁型の法務省と類似していること，閉鎖的でスペシャリスト養成的な人事ローテーションが行われていることを指摘し，著作権課独特の機関哲学，行動原理が形成される可能性が高いことを指摘しているが（京，2011：81-85），

第 3 － 1 表　特許庁の定員に占める審査官・審判官の割合

（単位：人，%）

	2004 年度	2012 年度	2018 年度
総定員	2,555	2,880	2,776
審査官・審判官	1,834	2,298	2,257
審査官	1,442	1,911	1,874
審判官	392	387	383
一般	721	582	519
審査官・審判官の総定員に占める割合（%）	71.8	79.8	81.3

資料：特許庁（2012；2018）に基づき筆者作成．

　特許庁についても，所掌事務の性格やスペシャリスト養成的な人事から，著作権課と同様，又はそれ以上に，独特の機関哲学，行動原理が形成される可能性が高いと考えられる。

　また，この分野に関係する外部専門家との関係については，知的財産に関して産業構造審議会知的財産政策部会が設けられており，商標制度については，同部会に設置された商標制度小委員会において，学者等の専門家が検討し，行政がその意見を聞く体制が整えられていた。

2．農林水産省による地理的表示保護制度の検討

（1）農林水産省における検討の開始と検討の本格化

　当時の農林水産省担当者へのインタビュー[16]によれば，農林水産省は，内部での地理的表示保護制度の検討を，2003 年頃に開始した。当時，EU 全体に適用される地理的表示保護制度の導入から既に 10 年以上が経過しており，我が国でも EU やフランスでの地理的表示保護の状況等は把握されていた（須田，2003；植村，2002 等）。また，1995 年に TRIPS 協定において，地理的表示が知的所有権として位置付けられ，保護のルールが規定されるとともに，1995 年以降，EU が WTO の交渉で，追加的保護の対象拡大等地理的表示保護の強化を継続的に主張していた。このような中で，WTO 交渉の EU の主張へ対応することも考慮し，農林水産省内での検討が開始された。

　食品産業企画課は，2004 年 6 月の知的財産推進計画等を受けて，地理的表示の保護制度の具体的内容の検討を本格化した。保護の仕組みについては，当初，EU の制度にならって，本来の産地で生産されていない産品や品質を満たさない産品について，地理的表示の使用を禁止するという規制法での検討を行った。しかし，産業振興を目的とした規制は困難であることが想定され，また，保護の対象となるブランドに関わる特定の者・団体の利益を保護する内容であり，他の知的財産保護制度と同様，規制法ではなく権利法という仕組みの方が法制度として適当ではないかと判断して，作業を進めることになった。なお，この検討において，地理的表示保護の候補となり得る産品の国内調査は行われたものの，EU の制度内容に関しては，文献資料による情報収集にとどまり，保護対象の具体的内容や運用の詳細等について十分把握されないまま，保護の法形式を中心とした検討が進められた。

　特許庁との関係については，農林水産省担当者へのインタビューによれば，春頃，規制法での保護を検討していた段階で特許庁へ相談に行き，規制法であれば，それほど調整は難しくないとの感触を受けたとしている[17]。その後，権利法での保護に方針を変更し，再度特許庁に説明を行ったところ，特許庁は警戒感を示したが，その時点では明確に反対という意思は示されず，具体的内容が詰まった時点でよく調整してほしいとの反応だったとしている[18]。

　9 月に入って，内閣法制局に対し，権利法形式での保護を内容とする制度概要の事前説明が行われた。この際，内閣法制局担当参事官からは，産地や品質の条件を満たす産品の生産者は等しく使用できると説明する一方，特定の者に対する独占権として構成するのは法制度的に困難ではないか，権利主体を誰とするかも不明確である等の指摘を受けている。

（2）専門家会合での議論と特許庁の対応

　このような状況の中で，2004 年 9 月 29 日に，第 1 回目の「食品等の地理的表示の保護に関する専門家会合」（以下「専門家会合」という。）が開催された。この専門家会合は，「EU 等の地理的表示保護制度も参考にしつつ，現行

の知的財産制度等を踏まえた制度の技術的検討を行うため」，局長の私的研究会として設置されたものである[19]。専門家会合のメンバーは，知的財産関係の研究者等 4 名，農業関係の研究者 1 名，都道府県関係者 1 名，農業関係者 1 名，食品産業関係者 1 名の計 8 名であり，座長として渋谷達紀早稲田大学教授が選出された。この専門家会合の開催前，地理的表示保護に関する学者等による検討の体制はとられておらず，専門家会合ではゼロからの検討となったが，年明け早々の法案の国会提出を目標とした場合には，十分な検討期間が確保できない状況になっていた。

　第 1 回目の専門家会合の資料[20]では，まず，我が国では，地域の多様な自然条件等を活かした地域特産物が多く存在することを指摘し，高付加価値化・差別化を図り，ブランドとして確立していくことが農政上の重要な課題としている。そして，品質等の特性が産地と結びついている場合の表示である「地理的表示」の国際的な保護状況にふれた上で，我が国では地理的表示産品の高い評価に便乗する例が生じており，農林水産業の発展等のため，不適正な利用を排除し，地理的表示が適切に機能するよう保護を図ることが必要とした。

　保護の在り方についての論点としては，①保護すべき地理的表示の明確化（特定），②他の地域における便乗使用の排除，③一定の特性を有しない産品への便乗使用の排除，の 3 点が整理されていた。この内容として，便乗使用の排除の観点からの使用基準の遵守の記述はあるが，消費者に対し，その基準の遵守をどう担保するかについてはふれられていない。また，同日の事務局の説明[21]では，「ブランドが確立しているものについての不当使用を防ぐ，また，ブランドとして確立したものが希釈化することを防ぐという観点から，ブランドが確立しているものを対象に，最優先の対応を考えていく」としている。このように，他地域や地域内でブランド化の取組に参加しない者の便乗使用の排除を主眼とするものであり，対象となったブランドの品質等を明示し，その内容を消費者に保証する仕組みを整えるという性格は乏しかった。なお，EU の保護制度についても参考として説明されているが，その概要は，禁止される表示の内容，違反に対する措置等の記載に限られており，品質保証の仕組みにつ

いての記載はなく，また登録による効果についてもふれられていない。

　既に述べたように，当時，食品産業企画課は，地域ブランドに関し新たな権利を創設し，他者の侵害を排除するという権利法化を前提とした政策案を検討していた[22]。地理的表示の登録要件としては，産地に帰せられる特性があるほか，その地理的表示が慣用されることにより需要者の間で広く認識されていることを求め，産地に関連する特性とともに著名なブランドとなっていることも必要とした。また，地理的表示の登録により，生産者団体に対する地理的表示の使用権が発生し，使用権者が不正使用に対する差止請求権及び損害賠償請求権を有することとした。なお，登録基準遵守の担保としては，使用権者に対する報告徴収のみを措置することとしていた。

　この政策案は，次のような特徴がある。第1に，産地に帰せられる特性を有する産品の名称を保護することとしているが，それに加えて，その名称が，慣用により需要者の間で広く認識されていることを求めていることである。慣用により広く認識された名称については，商標登録の要件を満たす可能性のある名称である（商標法第3条第2項）。テロワールの考え方に適合する産品の名称であっても，識別性のないものは保護しないとの案であり，EU の地理的表示保護の考え方より，商標類似の考え方が強く影響していると考えられる。第2に，基準に適合した産品が提供されることの担保に関して，主に事業者に委ねられていることである。行政は，基準の登録や使用権者への報告徴収を通じて一定の役割を果たすものの，基準適合の確認は，それを行うかどうかを含めて事業者に委ねられており，名称の不正使用に対しても事業者が差止請求等を通じて行うこととなっていた。これは，行政又は行政から権限を与えられた第3者機関が基準の遵守の確認等を行うことで品質を保証し，不正使用に対する取締りも行政が行う EU の地理的表示保護制度とは大きく異なる仕組みであり，むしろ権利者の取組に委ねる商標制度の考え方に近いものである。これを第2章で整理した，①テロワールの考え方をとるかどうか，②行政関与の品質保証・情報提供を行うか，事業者に任せるか，の二つの要素から検討すれば，EU の地理的表示保護制度と同じ分類の政策とはいえず，テロワールの考え方

第3－2表　2004年の農林水産省案の位置付け

	自然環境，独自のノウハウなど特徴ある地域環境が特別の特性を生み出すことを前提に保護を行う	地域環境が生み出す特別の特性を前提にしない
行政が関与して基準適合を保証し，情報を伝えることで，価値の向上を図る	EUの地理的表示保護制度	
取組内容は事業者に任され，専ら事業者の取組により高付加価値化が図られる	2004年の農林水産省案	米国の商標制度による保護

資料：筆者作成.

をとり，事業者の取組に任せるという第3象限に位置する施策，あるいは，テロワールの考えに適合するほか識別性を必要としていることを重視すれば，商標制度と同じ第2象限に位置する施策ということになる（第3－2表）。

　EUの地理的表示保護制度に関する政策アイディアが我が国にも紹介され，検討に当たりその内容を参考にしていたにもかかわらず，農林水産省案が商標制度類似のものとなったことについて，当時の担当者は，いろいろな点が未整理なままの検討となり，何を保護すべきなのか，どのような運用になるのかあまり詰めないまま，権利法にするかどうかといった法形式の議論に終始してしまったためではないか，また，規制で保護している酒団法は告示レベルで規定しているが，法律レベルで規制により保護する良い例がなかったこともあると述べている。

　この農林水産省の権利法としての検討案に対して，特許庁は，商標制度とのバッティングについての懸念を強めた。特許庁は，商標類似の制度が農林水産省に創設されることを防ぐため，専門家会合の座長となることが予定されていた渋谷教授への働きかけを開始した。当時の特許庁担当者からのインタビュー[23]によれば，農林水産省の案ができたら厄介で，特に私権として制度化されたら困ると感じたとしている。そして，座長には，①事業者に属する権利として構成されているが，同様に事業者に対する権利である商標とバッティングする，②自分の製品であっても品質・特性に特徴のあるものにしか行使でき

ないなら，公益的な規制として構成すべきではないか，といった農林水産省案の問題点を指摘した。

　また，後述するように，10月5日に開催された産業構造審議会知的財産政策部会の第9回商標制度小委員会において，特許庁は，委員に対し，商標法による地域ブランド保護に対する制度検討の方向について3通りの案を示すとともに，農林水産省における検討との関係に関し，商標法との関係について調整規定を含め今後検討と説明している[24]。これに関し，ある委員から，農水省の制度が行政規制ならば調整規定は必要ないかもしれないが，私権型なのであれば権利者が違った時にどうするのか，あるいはそもそも違わないように仕組むべきか等の大変な調整規定が必要との意見が出され，他の委員からも私権構成のものがもし二つできればまさにそういうことになると，この意見に賛同する意見が出ている[25]。

　このような状況を見ると，特許庁は，農林水産省案は商標制度と同様，名称に関して事業者に対する私権を付与する法制度であり，仮に制度が創設された場合，大がかりな調整規定を置く必要があるなど商標の政策分野が冒されると考えるとともに[26]，当該分野の政策を所管すべき省庁は特許庁であるとして反発したのではないかと考えられる。

（3）内閣法制局の指摘と農林水産省における検討のブレ

　（2）で述べたとおり，9月末の専門家会合開催時には，農林水産省は，権利法の形式で地理的表示保護制度を創設することを検討していた。しかしながら，この案については，内閣法制局から，権利内容や主体が不明確であるといった法制度上の問題点を指摘されていた。この指摘を受けて，食品産業企画課内での検討にはブレが生じた。従来考えていた権利法による制度創設という考え方を改め，内閣法制局の指摘を踏まえ，EUの制度と同様の規制法として構成すべきではないかとの考え方が強くなったのである。10月に行われた内閣法制局への事前説明では，地理的表示の登録により，他産地の産品や登録基準を満たさない産品に対して登録を受けた地理的表示の使用を制限する規制を

内容とする法制度の説明を行っている。この内容に対して，内閣法制局担当参事官からは，産業振興を主目的としているが，これは規制を新設する理由として不十分ではないか，また，消費者保護を理由とする制度であるならば，農産物・食品等の規格や表示の適正化について定める「農林物資の規格化及び品質表示の適正化に関する法律[27]」(以下「JAS法」という。)との関係整理が必要で，同法で対応できるのではないか，等の指摘を受けている[28]。

農林水産省担当者からのインタビューによれば，この指摘を受けて，総合食料局は，JAS法で地理的表示を保護する案の検討を，同法の担当部局である消費安全局に依頼したが，同局はJAS法での対応を否定した。これは，JAS法が消費者保護を目的とするものであって，産業振興を目的とする地理的表示保護にそぐわないといった理念的な理由や，地理的表示保護は特定地域に限定される産品を対象とするものであり，全国的な規格を定めるJAS規格では対応困難との理由のほか，同局が検討していたJAS法改正に向けて，既に検討会の報告書を取りまとめており，その検討会では地理的表示について一切取り上げていないことを理由とするものであった[29]。

このような検討のブレについて，当時の担当者は，形式面の議論が先行し，内容面の議論が不足している中で，内閣法制局の指摘を受けてそれになびいてしまったところがあるのではないか，内閣法制局の指摘は，権威がある，半ば絶対的なものであり，これに対応できる，EUや我が国の状況を踏まえた議論が不足していたと述べている。

3. 特許庁による地域団体商標制度の検討と農林水産省の地理的表示保護制度創設の断念

（1）2004年夏までの商標法による地域ブランド保護に関する検討

商標制度による地域ブランドの保護は，特許庁で従来から課題として認識されていた。既に述べたとおり，商標法においては，産地と商品名等のみからなる表示については，単に産地を示すものであり，自他商品の識別力を有しない

ため，原則として，商標登録を受けられないが，その表示が使用された結果，全国的に周知な名称となり識別力を備えた場合には，例外的に登録が認められることとなっていた（商標法第３条第１項第３号及び第２項）。このため，全国的な周知性を獲得するに至らない段階での地域ブランドの名称を，商標制度で保護することは困難であり，地域おこし等の面での問題が認識されていた。

　このような状況の中で，1996年の商標法改正における団体商標制度の導入に際して，工業所有権審議会商標問題検討小委員会の報告書において，「団体商標について，不登録事由中第３条第１項第３号の「産地」等に該当する表示であっても使用態様等を総合的に勘案して識別力がある場合には登録を認めるよう措置する」ことが盛り込まれ，地域おこしのための地域ブランドについて団体が商標を取得する場合には，商標登録をできることとする方向が示された[30]。

　しかし，その後の立法作業において，自他商品の識別力を持たない産地表示は商標としての機能を持たず（識別力の問題），また，産地表示を特定の団体に独占させることは，その団体に属さない者が産地表示を使用できなくなりかえって地域おこし等にも支障を生ずるおそれがある（独占適応性の問題）との理由から，立法化が見送られた[31]。このように，地域ブランドを商標制度で保護することについては，自他商品の識別力のあるものを登録するという商標制度の原則に照らし，解決すべき点のある課題であった。

　この商標制度による地域ブランド保護については，2003年６月に設置された産業構造審議会知的財産政策部会商標制度小委員会で，再び議論されることになった[32]。地域ブランド保護のための団体商標制度の拡充について議論したのは，主に同年10月に開催された第４回の小委員会の場であったが，ここでは，欧米で保護対象とされていることを踏まえ，「国際的な制度調和を目指すべき」との保護に肯定的な意見が出る一方，「商標は識別力のあるものが登録される。識別力を緩和して登録させることは本来の制度とはそぐわないため，慎重に検討すべきではないか」，「産地名称が含まれている場合も，識別力がない商標は登録を認めるべきではないのではないか」，「産地表示は不競法の品質

誤認表示及び不当表示防止法でも保護されていることを踏まえて検討すべきではないか」等否定的な意見が多く見られた。2004年5月の第6回小委員会で提出された，これまでの議論をまとめた資料[33]は，これらの否定的意見が反映されたものとなっており，この時点では，商標制度によって地域ブランドを積極的に保護するとの方向にはなっていなかった[34]。

（2）2004年秋以降の特許庁における地域ブランド保護方策の検討

　2004年5月に決定された知的財産推進計画を受けて，また，農林水産省の検討状況をにらみながら，特許庁は，商標制度による地域ブランドの保護方策の検討に着手した。2004年10月に，産業構造審議会知的財産政策部会第9回商標制度小委員会に対し特許庁が示した資料[35]では，使用による識別力が確立したとは言えない段階にあるブランドについて，文字としての商標登録ができないことを，商標法による地域ブランド保護を行う場合の問題点としてあげ，これについての制度的な対応の方向として三つの案をあげている。

　対応の方向の第1案が，組合等の団体については，地域名と商品名からなる標章を団体商標として登録できるとする案であり，第2案が，基本的に第1案と同様であるが，出願できる団体を生産者の多数を代表する団体であるなど，一定の正当性がある団体に限定する案であり，第3案が，証明機関等の団体が証明証票として登録できるとする案であった。このうち，第2案については，商標権の対象者を地域における商品の生産者を代表する者に限定することによって，需要者からの識別性が認められると説明できるのではないかとしている。

　（1）のとおり，地域ブランドを商標制度で保護することに関して，2004年夏以前の小委員会での議論は，必ずしも肯定的なものではなかったが，農林水産省が商標制度類似の政策を検討する中で，議論は，商標制度で地域ブランドを保護する具体的方策についての検討に変化した。三つの案は，1996年の団体商標創設の際に問題とされた，識別力の問題を念頭に，それをクリアする案が模索されたものと考えられる。また，第1案，第2案ともその名称が示す商

品の品質については特許庁として審査せず，当事者の判断に任せるとし，第3案についても要件を形式的に審査するとしている。このように，特許庁として品質の判断には踏み込まないことが明確にされていた。

（3）農林水産省の地理的表示保護制度に係る法案提出の断念

　2．（3）で示したように，内閣法制局の指摘等を受けて，農林水産省の検討は混迷し，有効な案をまとめられていなかった。一方で，農林水産省の検討について問題点を認識した特許庁は，産業構造審議会知的財産政策部会商標制度小委員会において，新たな商標保護制度の検討の議論を精力的に進めていった。

　このような状況の中で，2004年11月に農林水産省内の幹部を含めた相談の結果，①地域ブランド保護については改正商標法を活用，②地域農林水産物・食品等の生産振興の面からの予算措置，③JAS法その他の制度での対応が可能か否かの検討を継続，とすることで新しい制度を創設する法案の提出を断念することとされた。この検討の際，新しい制度を必要とする具体的な事例に乏しく推進力として弱いことや，当時の農林水産省として他に優先する課題があることも考慮された[36]。

　その後，11月24日に開催された知的財産戦略推進本部コンテンツ専門部会日本ブランド・ワーキンググループにおいて，農林水産省は，地域ブランドの知的財産としての保護について，種苗法，特許法及び商標法の既存制度の活用を説明するのみで，新たな地域ブランド保護制度の検討を説明した経済産業省とは対照的な説明内容となった[37]。また，専門家会合は第1回が開催されたのみで，これ以降専門家会合で地理的表示を保護する仕組みの議論は行われなかった。

　なお，2005年の食料・農業・農村基本計画では，産地ブランドの育成・確立や適正な保護の推進が記載されているものの，その手法としては知的財産の取得に向けた取組の促進等にふれるだけとなっており，長期的な課題としても，地理的表示の保護制度の検討を一旦断念したことがうかがえる。

（4）商標制度小委員会報告書

　2004年12月に開催された第10回商標制度小委員会では，小委員会報告書の案が提出され，第9回小委員会提出資料で示された第2案をもとにした制度を「地域団体商標」制度として制度化する方向が打ち出された。ここでは，基本的考え方として，特定の事業者の商品を表示するという意味では自他商品識別力を有しているとは言えない商標であっても，当該産地において生産された商品としての意味を有しており，その生産者の集合体たる主体について使用すれば，産地における生産者等としての識別力があると言えるため，保護可能としている。また，商標の登録は商品の優秀性や品質を保証するものではないとし，どのような商品にその名称を用いるかは事業者に委ねられるとしている。その上で，商標法の役割は各種の品質規制法規や表示規制法規との役割分担のもと，生産者の意欲の保護や需要者の識別の手助けを行うインフラを整備するもので，地域ブランド化の成否は地域の事業者に委ねられているとしている。このように，特許庁は，あくまで，地域ブランド化の成否を事業者の取組に委ねる立場をとっており，また，他の品質規制，表示規制等との役割分担があり得ることを明確にしていた。

　　この時点での具体的な制度設計の方向としては，①「地域名」と「商品（役務）名」からなる文字商標を保護対象とすること，②登録主体の要件として，団体に限定し，この団体の要件として，生産者のうち一定以上の割合の者が加入する団体であるなど数量的要件を検討すること（これに代えて，その産品を生産する者としての一定の周知性があることを検討），③対象となる商品（役務）の要件として，生産の範囲や品質等の基準が出願時に明らかにされ公開されるものであることを要件とするかを検討すること，等があげられていた。

　　第10回商標制度小委員会の後，報告書案に対するパブリックコメント，第11回商標制度小委員会での自由討議を経て，2005年2月の第12回商標制度小委員会で報告書[38]が取りまとめられた。

　　報告書では，基本的考え方として，地域ブランド化の取組の結果，全国の需要者との間では十分に出所識別機能を有していないと言えない段階であって

も，ある程度需要者間に出所の識別がなされるようになったものについて商標登録できることとするための制度の導入が期待されるとし，登録の主体については，通常の商標の登録基準によっては排他独占権を与えるに値しないものであることから，生産者等を構成員とし，自ら商品の生産・提供等を行っている団体とすることが適当であるとされた。なお，商標法はあくまで出所を識別させることを目的とする識別法であり，登録を認めることが当該商品又は役務の優位性や品質を行政が保証するような性格のものでないことに留意する必要があることが明示されている。

　第10回商標制度小委員会で提示された案に比べ，特定の事業者の商品を表示するという意味では自他商品識別力を有しない商標を，生産者の団体が使用することで識別力があると判断するといった説明ではなく，全国的な識別力を有する段階にはなっていないがある程度の出所識別力を有するようになったものを保護するとの説明に変わっている。このため，その商標の使用の結果，団体又はその構成員の商品を表示するものとして一定範囲の需要者に認識されるに至ったことが登録要件として記載されている。10月の検討開始時点では，自他識別力のない商標であっても一定の団体に限り登録を認めるとする案であったが，最終的に取りまとめられた案は，法第3条2項で求めている識別力（全国レベルでの周知性）よりも弱い識別力（一定範囲での周知性）で登録を認めるとの考え方になった。なお，登録主体を団体に限定するのは，識別力の問題よりも1996年商標法改正の際問題とされたもう一つの点である独占適応性の問題への対応として説明されている。なお，商標が優秀性や品質を保証するものでないことの表現は維持されているが，12月時点で記載のあった地域ブランド化の成否を事業者の取組に委ねる立場や他の品質規制，表示規制等との役割分担については，最終案では記載されていない。

　制度設計の具体的な方向については，成立した地域団体商標制度の内容と同じであるため，4で記述することとするが，本報告書は2005年2月の産業構造審議会第6回知的財産部会に提出され，同部会の報告書とすることが了承された。

（5）知的財産戦略本部との関係

知的財産推進計画2004年の決定以後，知的財産戦略本部が地域ブランド保護について本格的に議論するのは，2004年11月にコンテンツ専門調査会に日本ブランド・ワーキンググループが設置されて以降である。しかし，第1回の日本ブランド・ワーキンググループが開催された11月24日の時点で，既に農林水産省は地域ブランド保護のための新制度の創設を断念しており，一方で，経済産業省は商標制度による地域ブランド保護の具体的な案を商標制度小委員会に提示していた。農林水産省担当者からのインタビューによれば，この間，知的財産推進本部による，地域ブランド保護方策の具体的内容面での調整はなかったとのことである[39]。既に述べたように，同日のワーキンググループで，地域ブランドの知的財産としての保護について，農林水産省は種苗法，特許法及び商標法の既存制度の活用を説明するのみだった一方，経済産業省は新たな制度創設の検討を説明した。

知的財産戦略本部が，次に地域ブランドについて議論を行った2005年1月の第3回ワーキンググループでは，地域ブランドの課題と対応策として，法制度の整備については，加工品への育成者権の効力の拡大を内容とする種苗法改正の検討と，地域ブランドに係る商標権を取得しやすくすることを内容とする商標法による対応の2点が示された[40]。なお，同ワーキンググループでは，食の課題と対応策も議論されており，この中でブランドに関係する内容として，適切な表示のための環境整備などにより「正直」さが伝わる生産・流通体制を構築することで，消費者に信頼される食材のブランド化を推進することが示されている[41]。

日本ブランド・ワーキンググループは，2月に報告書[42]を取りまとめ，日本ブランドの確立に向けた具体策として12の提言が行っている。その一つが，既に方向性が固まっていた商標法で地域ブランドの保護制度を整備することであり，「地域名＋商品名」のみからなる地域ブランドの商標権を取得できるよう商標法の改正を検討することであった。一方，別の提言として，農林水産品に関する基準を整備・公開し，消費者に信頼される地域ブランドを作ることが

あげられており，この内容は，EU の地理的表示保護のアイディアとの共通性が見られるものである。さらに，別の提言の中で，確立したブランドについては，出所混同の有無[43]や使用方法にかかわらず，権限なき第三者の使用から保護が可能な方策について実態等を把握しながら検討を行うこととされており，この内容は，EU が地理的表示保護制度で実現しているものである。ただし，報告書取りまとめ後，知的財産戦略本部が，後の二つの提言を実現するために，関係省庁へ積極的に働きかけを行った事実は確認されていない。

4．地域団体商標制度の成立と制度内容の背景にある考え方

（1）商標法改正法案の提出と改正法の成立

　産業構造審議会知的財産部会報告書や日本ブランド・ワーキンググループ報告書を踏まえ，また，農林水産省が独自の制度創設を断念したことを受け，経済産業省は，2005 年 3 月 15 日に，「地域団体商標」の創設を内容とする商標法改正法案を提出した。

　衆議院及び参議院の経済産業委員会では，制度の目的，保護の対象，周知性，権利主体等の保護要件，権利の効力と先使用による権利の例外，制度周知に向けた支援策等が審議されている。このうち，制度の目的については，新産業戦略の中の地域ブランド，地域おこしの一環との位置付けであり，ブランドを保護することにより地域に元気，意欲を与え，地域おこしにつなげることと説明された[44]。また，従来の商標制度では発展段階のブランド保護に十分な制度になっていなかった面があるため新たな制度を導入したとされた[45]。ブランドの品質については，品質基準を設定し，一定の水準以上の製品だけにブランド使用を認めるべきではないかとの問いに対して，国等が基準を設定してやる仕組みではなく，様々な規制法の体系を守りながら，自主的な取組として高めてもらうと答弁するとともに，それぞれの法制度が役割分担しながら，的確に運用されるよう努めていくとしている[46]。

　同法案は衆参の経済産業委員会において全会一致で可決され，6 月 8 日に成

立し（平成17年法律第56号），2006年4月1日に施行された。

（2）地域団体商標制度の内容

　創設された地域団体商標制度は，地域の名称及び商品（役務）の名称等からなる商標について，地域との密接な関連性を有する商品（役務）に使用され，需要者の間に広く認識されている場合には，事業協同組合その他の組合による地域団体商標の登録を可能とするものであり，具体的内容は以下の内容となっていた[47]。

1）登録要件

登録要件を大別すると，次の①〜⑤のとおりである（商標法第7条の2）。

① 　出願人が事業協同組合その他特別の法律により設立された組合[48]であり，設立根拠法に加入を不当に制限してはならない旨が規定されていること

② 　出願された商標が構成員に使用させる商標であること

③ 　出願された商標が地域の名称及び商品（役務）の名称等からなる文字商標であること

④ 　出願された商標中の地域の名称が商品（役務）と密接関連性を有していること

⑤ 　出願された商標が周知となっていること

　①の主体要件については，地域の名称及び商品の名称からなる商標は地域における商品の生産者等が広く使用を欲するものであり，本来，一事業者による独占に適さないものであることを踏まえ，措置されている。④の密接関連性は，地域が商品の産地であることのほか，主要な原材料の産地であることなどが該当する。⑤の周知性の要件については，商標法第3条第2項が，何人かの業務に係る商品の表示であることを全国的な範囲の需要者に高い浸透度を持って認識されていること（特別顕著性）を求めているのに比べ，その団体又は構成員の業務に係る商品の表示であることを隣接都道府県に及ぶ程度の需要者に

認識されているなど，需要者の広がり及びその認知度は低いもので足りる。なお，この周知性については，日本国内において周知となっていることが必要であり（特許庁総務課制度改正審議室，2005：16），EU の地理的表示の多くはこの要件を満たせないことになる。

　以上の要件を満たす商標については，商標法第 3 条の規定にかかわらず，商標登録できることとし，従来，同条第 1 項第 3 号（産地名と商品名のみからなる商標等）や同項第 6 号（何人かの業務に係る商品であることを認識できない商標等）に該当して登録できなかった商標であっても，登録できることとした。

2）権利の効力等

　地域団体商標についても，権利内容は通常の商標と同様であり，商標権者は指定商品（役務）について登録商標の使用をする権利を専有する（商標法第 25 条）。また，専有権を有する範囲以外の，指定商品（役務）又はこれに類似する商品（役務）についての，登録商標又はこれに類似する商標の使用は，権利侵害とみなされる（同法第 37 条）。権利侵害に対しては差止請求ができ（同法第 36 条），損害額の推定等損害賠償を容易にする措置が講じられている（同法第 38 条等）。罰則も措置されているが，不正使用があった場合，このような措置によって，権利者自らが対応することが原則である。

　地域団体商標に係る商標権を有する団体の構成員は，組合の定めるところにより，当該商標を使用する権利を有する。また，地域団体商標の商標登録出願前からその指定商品（役務）と同一又は類似の商品（役務）について同一又は類似の商標を使用していた者については，その商標を継続的に使用する権利が認められる。

（3）EU の地理的表示保護制度との違い

　以上のような内容の地域団体商標制度は，地域名と産品の関係という点及び行政と事業者の役割という点で，EU の地理的表示保護制度とは大きく異なる。

　まず，地域名と産品の関係に関しては，地域団体商標を構成する地域名は，商品の産地であること等の密接関連性が必要とされているものの，その地域の環境が特性を生み出しているといった実質的な関係は求められていない。このため，保護対象は，産地に帰せられる特性があることを要件とする地理的表示に該当するものに限られず，テロワールの考え方に適合しない名称も含まれることになる。この点，当時の商標課商標制度企画室長であった小川宗一は，地域団体商標制度は，品質等の特性が商品の地理的原産地に帰せられることを保証するものではないので，地理的表示の保護を目的とするものではないと述べている（小川，2008：678）。EUの地理的表示保護制度では，地理的環境に帰せられる特徴を持つ産品に保護対象を限定しており，両者が大きく異なる点の一つである。

　次に，行政（国）と事業者の役割に関しては，地域団体商標制度では，品質等の基準を設定することは制度上求められておらず，品質等の基準の設定をするかしないか，基準を設定した場合にその遵守をどう確保するか等については団体の自主的な取組に任されている[49]。また，不適正な名称使用に対しては，原則として権利者が差止請求や損害賠償請求を行って対応することになる。EUの地理的表示保護制度では，欧州委員会による名称の登録に際して，品質や生産方法の基準についても登録・公示し，その基準への適合を公的機関又は公的機関から権限を与えられた第3者機関がその基準への適合を確認して，行政関与の下で産品の品質保証を行う。また，不適正な名称使用に対しても行政が取締りを行っており，この点も両者が大きく異なる点である。

（4）地理的表示保護をめぐる二つのアイディアとの関係

　上記で整理したように，地域団体商標制度は，あくまで一定の商標を使用した商品又は役務の出所を識別させることを目的とする識別法[50]としての商標法の枠内で創設されたものである。これは，①地域環境が生み出す特別の特性を前提としない，②取組内容は事業者に任され，専ら事業者の取組により高付加価値化が図られる，という2点で，米国のアイディアと同様の分類に分類され

第3−3表　地域団体商標制度の位置付け

	自然環境，独自のノウハウなど特徴ある地域環境が特別の特性を生み出すことを前提に保護を行う	地域環境が生み出す特別の特性を前提にしない
行政が関与して基準適合を保証し，情報を伝えることで，価値の向上を図る	EU の地理的表示保護制度	
取組内容は事業者に任され，専ら事業者の取組により高付加価値化が図られる		米国の商標制度による保護 **地域団体商標制度**

資料：筆者作成.

ると考えられる（第3−3表）[51]。

5. 小括

　2004年の知的財産推進計画を契機に，地域ブランド保護制度の検討が，農林水産省・経済産業省それぞれで開始された。この知的財産推進計画で示された内容は，対象として農林水産物を例示としてあげてはいたものの，地域振興等を目的とした地域ブランド全般の保護であり，農業振興を目的とした農産物・食品の地域ブランド保護の課題としては設定されていなかった。ただし，知的財産戦略本部コンテンツ専門調査会日本ブランド・ワーキンググループの報告書で示されているように，別途，農林水産品に関する基準を整備・公開し，消費者に信頼される地域ブランドを作ることも課題として認識されていた。

　この地域ブランド保護の課題に対し，農林水産省は，地理的表示保護を内容とする新制度の検討を開始した。農林水産省は，専門家会合提出資料で「EU等の地理的表示保護制度を参考としつつ」としていたように，EU の地理的表示保護制度の内容を念頭に置いていたものと考えられる。しかし，検討した政策内容は，事業者に対する権利設定及び事業者の対応による便乗使用の排除を中心とする制度であった。一方，行政関与の下で産品の情報が的確に消費者に伝わり，品質基準に適合した産品が提供されることを確保するという，EU の

制度で重視されている点には十分配慮がされていなかった。

　この農林水産省の案に対して，内閣法制局から，地域で生産される基準に適合する産品には広く名称を使えるとしながら，特定の者に対する権利とする点などについて，法制的な問題点が指摘された。その後，農林水産省では，内容面での詰めが十分でないまま，規制法形式による保護やJAS制度の枠内での保護などが検討され，法形式の議論が中心となるとともに，議論の方向性が定まらず，有効な政策案をまとめられなかった。

　一方，特許庁は，農林水産省の権利設定による地理的表示保護の案は，名称に関して事業者に権利を設定する商標制度と直接バッティングすると認識し，行動した。それまで，産地と商品名からなる商標については，1996年の団体商標制度創設時に，識別力の問題及び独占適応性の問題から商標制度での対応を見送り，また，2004年夏までの段階では商標制度によって地域ブランドを積極的に保護するとの方向にはなっていなかった。しかし，知的財産推進計画で示された地域ブランド保護の方向や農林水産省での検討内容を受けて，地域ブランドを商標制度で保護する地域団体商標制度を創設する案を取りまとめた。農林水産省は，内閣法制局の指摘に的確に対応できず，また，特許庁が地域団体商標制度による地域ブランド保護策をまとめる中で，地理的表示保護制度の創設を断念した。

　成立した地域団体商標制度は，主体を一定の組合に限ることで，発展段階のブランドで，従来よりも識別力が弱い場合であっても，商標登録を認めるものであった。ただし，あくまで識別法としての商標制度の枠内で創設されたものであった。また，産品の品質基準等を担保することは事業者の自主的な取組によることとされ，他の品質規制，表示規制との役割分担しながら的確に運用していくことと整理された。

注(1)　平成6年12月28日国税庁告示第4号。なお，2015年に，内容を拡充した新しい告示（平成27年10月30日国税庁告示第19号）が制定されている。この項で記述する内容は，旧告示で定められていた内容である。
　(2)　2004年時点では，「壱岐」，「球磨」，「琉球」の三つの焼酎が指定されていた。

(3)　不正の目的を持って原産地等誤認惹起行為をした者等については，5 年以下の懲役若しくは 500 万円以下の罰金又はその併科，法人は 3 億円以下の罰金（不正競争防止法第 21 条第 2 項及び第 22 条第 1 項）。

(4)　現行法では不正競争防止法第 2 条第 1 項第 20 号。

(5)　松阪牛，関あじ・関さば，小田原蒲鉾などが，図形・ロゴとともに登録されていた。

(6)　このほか，信州ハム，宇都宮餃子などが登録されていた。

(7)　首相官邸（2004）「知的財産推進計画 2004」（2004 年 5 月 27 日知的財産戦略本部決定），https://www.kantei.go.jp/jp/singi/titeki2/kettei/040527f.html（2019 年 10 月 18 日参照）

(8)　首相官邸（2004）「第 7 回知的財産戦略本部会合議事録」（2004 年 4 月 14 日開催），https://www.kantei.go.jp/jp/singi/titeki2/dai7/07gijiroku.html（2019 年 10 月 18 日参照）。

(9)　2004 年 6 月 4 日閣議決定。

(10)　首相官邸（2004）「農政改革基本構想」（2004 年 5 月 24 日亀井善之農林水産大臣名での構想），https://www.kantei.go.jp/jp/singi/syokuryo/dai3/3siryou1.pdf（2019 年 10 月 18 日参照）．

(11)　経済産業省（2004）「新産業創造戦略」（2004 年 5 月 18 日経済産業省決定），http://warp.da.ndl.go.jp/info: ndljp/pid/11001630/www.meti.go.jp/committee/downloadfiles/g40517a40j.pdf（国立国会図書館インターネット資料収集事業（WARP），19 年 10 月 18 日参照）．

(12)　2010 年に食料産業局が設置され，総合食料局は廃止されている。

(13)　食品産業企画課の所掌事務は，2004 年当時の農林水産省組織令の規定による。なお，同課で制度検討を担った者に，農林水産省において知的財産に関し業務経験があった者を特に配置した事実は認められなかった。

(14)　なお，2004 年当時，農林水産省における知的財産に関係する部署としては，植物の新品種の保護を所掌する種苗課は存在したが，農林水産関係の知的財産の活用に関する総合的な政策の企画・立案を行う部署は設けられていなかった。

(15)　特許庁「特許庁技術系総合職採用案内」によれば，2016 年〜2018 年の平均で 37.7 人の採用が行われており，審査官補，審査官等を経て，審判官や部署を統括する管理職に昇進することが予定されている。特許庁以外での勤務は限定的であり，経済産業省本省も出向先と紹介されている。同案内で紹介された特許技監（特許庁技術系職員のトップ）の職歴を見ると，約 34 年の職歴中，特許庁以外の職歴は 6 年弱に過ぎず，うち 2 年は内閣官房知的財産戦略推進本部である。

https://www.jpo.go.jp/news/saiyo/tokkyo/document/shinsakan_gyoumu/pamphlet_tokkyo.pdf（2019 年 10 月 18 日参照）

(16)　2004 年当時，農林水産省総合食料局食品産業企画課の総括補佐で地理的表示保護制度の検討を中心的に担当した高橋仁志氏に対して，筆者が 2019 年 5 月 14 日に行ったインタビュー。以下，この章における農林水産省の対応については，このインタビュー内容によっている。

⒄　高橋元補佐は，注⒃のインタビューで，このような反応の背景として，酒団法により，酒の地理的表示について既に規制法の形式で保護が行われていたことが前例としてあったためではないかと述べている。

⒅　農林水産高橋元補佐は，政府内で，農林水産省の検討を邪魔しないようにという雰囲気はあったと述べている。

⒆　農林水産省（2004）「開催要領」（2004 年 9 月 29 日食品等の地理的表示の保護に関する専門家会合資料），http://www.maff.go.jp/j/study/other/tiri_hyoji/pdf/kaisai_yoryo.pdf（2019 年 10 月 18 日参照）。

⒇　農林水産省（2004）「我が国の農林水産物・食品に係る地理的表示をめぐる現状と課題」（2004 年 9 月 29 日食品等の地理的表示の保護に関する専門家会合資料），http://www.maff.go.jp/j/study/other/tiri_hyoji/pdf/data.pdf（2019 年 10 月 18 日参照）。

(21)　農林水産省（2004）「議事概要」（2004 年 9 月 29 日食品等の地理的表示の保護に関する専門家会合（第 1 回）議事概要），http://www.maff.go.jp/j/study/other/tiri_hyoji/pdf/gaiyou.pdf（2019 年 10 月 18 日参照）。

(22)　内容は，当時の説明資料を踏まえた，注⒃の高橋元補佐へのインタビューによる。

(23)　2004 年の検討当時に特許庁総務部総務課制度改正審議室長であった花木出氏に対し，筆者が 2019 年 9 月 26 日に行ったインタビュー。

(24)　特許庁（2004）「地域ブランドの保護について」（2004 年 10 月 5 日産業構造審議会知的財産政策部会第 9 回商標制度小委員会への提出資料，https://www.jpo.go.jp/resources/shingikai/sangyo-kouzou/shousai/shohyo_shoi/document/seisakubukai-09-shiryou/paper03.pdf（2019 年 10 月 18 日参照）。

(25)　特許庁（2004）「第 9 回商標制度小委員会議事録」，https://www.jpo.go.jp/resources/shingikai/sangyo-kouzou/shousai/shohyo_shoi/seisakubukai-09-gijiroku.htm（2019 年 10 月 18 日参照）。

(26)　注(23)のインタビューでは，花木元室長は，特にプロパーの人は，自分の時に商標制度に傷がつくとか穴があくというのは嫌ったということはあったと思うと述べている。

(27)　現在は「農林物資の規格化等に関する法律」に題名変更されている。

(28)　当時の内閣法制局指摘内容のメモを踏まえた，注⒃の高橋元補佐へのインタビューによる。

(29)　注⒃の高橋元補佐へのインタビューによる。

(30)　団体商標制度導入に際しての議論については，今村（2005）による。

(31)　特許庁「産業財産権法（工業所有権法）の解説［平成 8 年法律改正］第 6 章団体商標制度の導入」p.180，https://www.jpo.go.jp/system/laws/rule/kaisetu/sangyozaisan/document/sangyou_zaisanhou/h8_kaisei_6.pdf（2019 年 10 月 18 日参照）。

(32)　特許庁（2003）「ブランド戦略から見た商標制度の検討課題について」（2003 年 6 月 26 日産業構造審議会知的財産政策部会第 1 回商標制度小委員会への提出資料）において，10 の個別検討課題の一つとして，地域ブランドの構築を促進する制度の整備があげられてい

る。https://www.jpo.go.jp/resources/shingikai/sangyo-kouzou/shousai/shohyo_shoi/document/seisakubukai-01-shiryou/paper03. pdf（2019 年 10 月 18 日参照）.

㉝　特許庁（2004）「これまでの議論のまとめ」（2004 年 5 月 25 日産業構造審議会知的財産政策部会第 6 回商標制度小委員会への提出資料），https://www.jpo.go.jp/resources/shingikai/sangyo-kouzou/shousai/shohyo_shoi/document/seisakubukai-06-shiryou/paper04.pdf（2019 年 10 月 18 日参照）.

㉞　7 月 13 日に開催された第 7 回商標制度小委員会では，関係団体からの意見聴取が行われているが，地域ブランドの団体商標による保護について，日本知的財産協会は慎重な検討を求め，日本弁理士会は特段の意見を述べていない。

㉟　「地域ブランドの保護について」（注㉔を参照。）.

㊱　当時の農林水産省においては，2001 年の BSE 発生とそれに続く食肉産地偽装事件の多発，2004 年の鳥インフルエンザの大量発生・隠蔽事件の発生を踏まえ，リスク管理の徹底等食の安全・安心の確保を図ることが喫緊の課題となっていた。このほかにも，品目別の価格・経営安定対策から，担い手に支援を集中した品目横断政策への転換など，優先課題を多く抱えていた。

㊲　首相官邸「経済産業省説明資料」及び「農林水産省説明資料」（2004 年 11 月 24 日知的財産戦略推進本部コンテンツ専門部会日本ブランド・ワーキンググループ（第 1 回）における説明資料），https://www.kantei.go.jp/jp/singi/titeki2/tyousakai/contents/brand1/041124gijisidai.html（2019 年 10 月 18 日参照）.

㊳　特許庁（2005）「地域ブランドの商標法における保護の在り方について（案）」，https://www.jpo.go.jp/resources/shingikai/sangyo-kouzou/shousai/shohyo_shoi/document/seisakubukai-12-shiryou/04.pdf（2019 年 10 月 18 日参照）.
　　この案は，2005 年 2 月 18 日産業構造審議会知的財産政策部会商標制度小委員会で了承れ，同月 23 日同部会へ報告された。

㊴　注⑯の高橋元補佐へのインタビューによる。

㊵　首相官邸（2005）「「地域ブランド」の課題と対応策（案）」（2005 年 1 月 21 日コンテンツ専門調査会日本ブランド・ワーキンググループ（第 3 回）提出資料），https://www.kantei.go.jp/jp/singi/titeki2/tyousakai/contents/brand3/3siryou3.pdf（2019 年 10 月 18 日参照）.

㊶　首相官邸（2005）「「食」の課題と対応策（案）」（2005 年 1 月 21 日コンテンツ専門調査会日本ブランド・ワーキンググループ（第 3 回）提出資料），https://www.kantei.go.jp/jp/singi/titeki2/tyousakai/contents/brand3/3siryou2.pdf（2019 年 10 月 18 日参照）.

㊷　首相官邸（2005）「日本ブランド戦略の推進－魅力ある日本を世界に発信－」（2005 年 2 月 25 日コンテンツ専門調査会日本ブランド・ワーキンググループ報告書），https://www.kantei.go.jp/jp/singi/titeki2/tyousakai/contents/brand4/4siryou3.pdf（2019 年 10 月 18 日参照）.

㊸　商標制度では，基本的に，出所の混同があることが権利保護のため必要である。

(44) 2005年5月11日衆議院経済産業委員会における江田康幸委員議員に対する中川昭一経済産業大臣答弁（第162回国会衆議院経済産業委員会議事録第14号）

(45) 2005年5月11日衆議院経済産業委員会における菊田まきこ委員に対する小川洋特許庁長官答弁（第162回国会衆議院経済産業委員会議事録第14号）。

(46) 2005年5月11日衆議院経済産業委員会における菊田まきこ委員に対する小川洋特許庁長官答弁（第162回国会衆議院経済産業委員会議事録第14号）。同趣旨の答弁として，2005年6月7日参議院経済産業委員会における松あきら委員に対する小川洋特許庁長官答弁（第162回国会参議院経済産業委員会議事録第18号）。

(47) 記載内容は，特許庁総務部総務課制度改正審議室（2005）による。

(48) 現在は，商工会，商工会議所，NPO法人も出願人として認められている。

(49) 実態としても，知的財産研究所（2011）によれば，2010年時点で使用基準の設定をしている団体は調査対象の40％，基準遵守の体制を取っている団体は26％にとどまった。

(50) 注(38)「地域ブランドの商標法における保護の在り方について」p12。

(51) 今村哲也は，地域団体商標が，制度運用の結果としても，また，法的性格の面からも，地理的表示保護制度の規範領域にも含まれる可能性を指摘し，法制度上の多様な発現形態を有する地理的表示保護制度の過渡的な発現形態であると述べており（今村，2006），ここで述べた分類とは異なる考え方をとっている。

第4章　地域団体商標制度導入後の状況変化

　本章では，まず，地域団体商標制度導入後，同制度が地域ブランド保護に活発に活用された一方，農産物・食品の付加価値向上を図る上で，制度上の問題点が指摘された状況を整理する。次に，6次産業化等による所得向上が重視されることとなった国内的な農業政策の変化の状況を整理するとともに，地理的表示保護制度に関連する国際的な環境の変化を整理する。このような中で，農産物・食品の付加価値向上を目的とする制度の創設が，課題として重要になってきた経緯等を分析する。

1．地域団体商標制度の運用の状況と課題の指摘

（1）地域団体商標制度の運用の状況

　地域団体商標制度の創設を内容とする商標法改正法は，2006年4月に施行された。新制度への関心は高く，同年7月末までに500件を超える出願がされた。2008年末までで出願数は866件，登録数は409件となったが，このうち，農水産品及び加工食品の割合が出願数の68％，登録数の53％を占めており[1]，農林水産物・食品の地域ブランド保護の要請が高かったことがわかる。農林水産省が地理的表示保護制度創設に向けて専門家による検討会を設けた2012年3月の時点では，出願数は1,000件を超え，登録数は500件（うち約半数が農水産物・食品）と，農林水産物をはじめとした地域ブランド振興に盛んに活用されてきた（第4-1表，第4-2表）。

　特許庁は，2006年に商標課の中に地域団体商標推進室を設置して，地域団体商標登録を円滑に進めるとともに，2007年から地域団体商標の登録がされた商品等の内容について紹介するための小冊子を発刊するなどして，地域団体商標制度の一層の普及に努めた。

第4−1表　地域団体商標の出願数，登録数の推移（累計）

	2006 年度	2007 年度	2008 年度	2009 年度	2010 年度	2011 年度
出願数	698	807	878	933	981	1,013
登録数	170	371	425	449	472	500

資料：2006 年度は特許庁（2013），2007 年度以降は各年版の特許行政年次報告書のデータにより筆者作成.

第4−2表　地域団体商標の出願，登録の内訳（2011 年度末）

	農水産一次産品	加工食品	菓子	麺類	酒類	工業製品	温泉	その他	計
出願数	482	120	32	37	20	248	49	25	1,013
登録数	178	53	9	9	12	189	41	9	500

資料：特許庁（2012）.

（2）地域団体商標制度に対する評価と課題の指摘

　地域団体商標制度は，地域ブランド振興等に一定の効果をあげた。2012 年に特許庁が地域団体商標を登録した者に対し行った調査では，登録による効果として，「商品・サービスの PR ができた」（48 %），「地域全体に対するイメージが良くなった」（39 %），「団体構成員（組合員）のモチベーションが向上した」（33 %）との回答が多い[2]（特許庁，2013）。ただし，「現在のところ特に効果なし」とする回答が 17 %あり，また，「商品・サービスの売上げが増加した」，「商品・サービスの販売単価が高まった」との回答はそれぞれ，4 %，3 %にとどまり，販売額の増加や販売価格の上昇などの経済的な効果に直結していない状況もうかがえる。

　このような状況について，地域団体商標制度は，品質管理の水準を向上させるための厳格性を欠き，長期的な経済効果を引き出しにくい（斎藤，2011：45），基準設定や基準遵守を確保する方策が制度化されていない（農林水産政策研究所，2012：51）等，農産物・食品のブランド化を図る上での課題が指摘された[3]。また，2010 年に知的財産研究所が地域団体商標出願人に対して行った調査では，地域団体商標制度が不十分である点として，「先使用

者を排除できない」（50 %），「商品役務の品質の優良性について需要者に効果
的にアピールできない」（38 %），「先使用者との差別化が容易でなく，活用法
がわからない」（35 %）という意見が多く[4]（知的財産研究所，2011），品質
面での差別化に課題があることが認識されていた。特許庁も，地域団体商標を
取得しても権利を有効に活用できていない例があるとし，その対応として，関
係する組織・団体との連携，商標及び商品等の品質の管理が重要であるとした
（特許庁，2012）。

　ここで，地域団体商標を取得した商品・サービスについての品質管理の実態
を見ると，地域団体商標の対象となる商標・サービスについて品質基準を設定
している割合は，2010 年の調査で 49 %，2012 年の調査で 35 %であり[5]，過
半数の産品・サービスでは基準が設定されていなかった。また，商標の管理規
程を定めている割合は，それぞれ，40 %，30 %と更に低い割合となっている。
なお，品質等の基準の設定と価格差の関係について，地域ブランド産品を対象
に 2016 年に行われた調査では，品質基準・生産基準がある場合に同種産品と
の価格差があるとする回答が 73 %であるのに対し，これらの基準がない場合
は 30 %にすぎない（第 4 - 3 表）。このことから，地域団体商標制度の運用
実態において品質基準の設定割合が低いことが，価格面での効果につながって
いない理由となっていることが想定される。

　以上のように，地域団体商標制度は，農産物・食品を含む地域ブランドの保
護に大きく活用され，商品の PR 等に一定の効果を上げた。ただし，必ずしも

第 4 - 3 表　品質基準・生産基準の設定と価格差の関係

（単位：件，%）

		価格差あり	価格差 5 割未満	価格差 5 割以上	価格差なし	合計
品質基準・生産基準の いずれかの基準あり	該当数	172	129	43	65	237
	%	73%	54%	18%	27%	100%
品質基準・生産基準の いずれの基準もない	該当数	11	9	2	26	37
	%	30%	24%	5%	70%	100%

資料：内藤ら（2017）。

価格上昇等につながらず，品質基準の設定など制度上の課題が指摘されていた。

2．農業政策に関する国内的な状況の変化

（1）担い手の明確化と効率的農業への志向

　地理的表示保護制度創設が当初検討された当時，小泉純一郎政権下において，農業政策の方向として，構造改革を通じた農業の競争力強化が志向されていた。2001年6月の「今後の経済財政運営及び経済社会の構造改革に関する基本方針」[6]では，「意欲と能力のある経営体に施策を集中することなどにより，食料自給率の向上等に向け，農林水産業の構造改革を推進する」とされた。翌年の「経済財政運営と構造改革に関する基本方針2002」[7]では，より具体的な食料産業の改革方向が示され，①真に消費者を基点とした行政への転換，②多様な農業経営[8]の展開による産業としての農業の再構築，③農業経営者の意欲と個性が発揮できる政策の枠組みへの転換，④「食」の安全・安心体制の確立と流通改革の推進，⑤農林水産資源の活用に向けたバイオマス戦略等の推進，の5点を改革の基本戦略とした上で，構造改革を推進する上で特に重視すべき事項として，「効率的で安定的な経営体が生産の大部分を担う構造を確立するため，農業者全体を対象とした一律的な政策の見直しを行い，意欲と能力のある経営体に施策を集中化する」ことをあげた。

　2004年5月に，小泉首相が本部長を務める食料・農業・農村政策推進本部において，亀井農林水大臣から「農政改革基本構想」[9]が説明された。この構想では，改革の基本的な視点として，①選択と集中，②国民の食を守る「食料産業」の視点，③意欲的な生産者・地域の後押し，④グローバル化の中の農業・農政の4点をあげ，具体的改革方向として，担い手を対象とした品目横断対策の導入や，対象となる担い手を明確化して施策を集中化・重点化すること等をあげた。その後，同本部が，2005年3月に定めた「21世紀新農政の推進について～攻めの農政への転換～」[10]では，農業構造について，効率的で競争力あ

る農業構造の形成する観点に立って構造改革を加速化するとし，施策対象となる担い手の明確化，支援の集中化を徹底するとともに，この一環として，幅広い農業者を一律に対象とする施策を見直し，担い手を対象とする品目横断的な経営安定対策を導入するとした[11]。

　さらに，同月に閣議決定された「食料・農業・農村基本計画」[12]では，農業の持続的な発展に関する施策として，担い手の明確化と支援の集中化，担い手への農地利用集積，品目横断的経営安定対策への転換等が項目として定められた。経営規模拡大が困難な場合に経営の多角化等の多様な取組を推進することも記載されてはいるものの，全体として，規模の拡大を進め，大規模で効率的な農業者による生産性の高い農業を目指すものであった。なお，品目横断的な経営安定対策については，農業の構造改革を推進するとともに，WTO において農業助成に関する規律が強化され，市場価格支持等の政策が削減対象とされたことから，この対象外となる緑の政策と位置付けることも目的としていた[13]。この実施のため，「農業の担い手に対する経営安定のための交付金の交付に関する法律」が 2006 年に制定され，2007 年度から実施されることとなった。同法は，米，麦等 5 品目の水田作及び畑作を対象に，経営規模が原則 4 ha（北海道は 10ha）以上の認定農業者及び 20ha 以上の集落営農に限定して，諸外国との生産条件の格差を是正するための補てんを行う交付金[14]及び収入変動の影響を緩和するための交付金を交付することを内容とするものであった。これは，従来，品目ごとに行われてきた価格支持政策を経営ごとの所得安定対策に転換するものであるとともに，農業の大規模化，生産性の向上を狙った施策となっていた。

　その後，品目横断的経営安定対策は水田・畑作経営安定対策に名称変更され，市町村特認の仕組みの導入により経営規模の比較的小さい者も対象とする修正が行われたが[15]，21 世紀新農政 2008[16]で「一定の経営規模要件をクリアする努力を梃に土地利用型農業の体質を強化するという制度の根幹は維持」とされているように，農業の構造改革という目的は維持された。

（2）民主党への政権交代と戸別所得補償制度及び6次産業化施策の実施

　2009年8月に行われた衆議院選挙において，民主党が議席の過半数を獲得し，9月に鳩山由紀夫政権が誕生した。この選挙で，民主党は，「戸別所得補償制度で農山漁村を再生する」ことをマニフェスト[17]に掲げ，農山漁村の6次産業化や小規模経営農家も含めた農業継続を政策目標として，戸別所得補償制度を実施するとした。民主党は，戸別所得補償制度について，既に2007年の参議院選挙でマニフェスト[18]に掲げていたが，これは，それまでの一定の経営規模を満たす農家に限定して経営対策を講じていた施策を転換し，全ての販売農家を対象にして生産費を補償するものであった。一部の農業者に施策を集中し，規模拡大を図ろうとした自民党政権下の施策について，農業所得確保につながらなかっただけでなく，多様な農業者の確保・地域農業の担い手の育成ができなかったと批判し，意欲ある多様な農業者を育成・確保する施策に転換するとしたのである[19]。

　政権交代後の2010年3月に策定された「食料・農業・農村基本計画」[20]では，戸別所得補償制度の創設，消費者の求める「品質」と「安全・安心」といったニーズに適った生産体制への転換，6次産業化による活力ある農山漁村の再生を基本に農政を大転換するとされ，小規模農家も含めて再生産可能な経営を確保する政策への転換，多様な用途・需要に対応して生産拡大と付加価値を高める取組を後押しする施策への転換等が施策の基本方向として示された。同計画においては，「兼業農家や小規模経営を含む意欲ある全ての農業者が将来にわたって農業を継続し，経営発展に取り組む環境を整備する」とし，販売農家を対象として農産物の販売価格と生産費の差額を国から直接交付金として支払うことを基本とする戸別所得補償制度を創設するとした[21]。また，6次産業化等による所得の増大として，「農産物の品質向上，加工や直接販売等による付加価値の向上やブランド化の推進等による販売価格の向上を図る」とされた。地理的表示についても，「決められた産地で生産され，指定された品種，生産方法，生産期間等が適切に管理された農林水産物に対する表示である地理的表示を支える仕組みについて検討」と明記された。このように，民主党政権下で

は，意欲ある全ての農業者が農業を継続できるよう，農家の生産費を補償する制度の導入とともに，地域資源を活用した6次産業化，ブランド化等の取組によって，付加価値を高め所得向上を目指すことが重視されたのである。

　基本方向として打ち出された政策のうち，戸別所得補償制度については，2010年からモデル的に実施され，米を対象に10a当たり1万5千円の定額的な支払及び価格変動に対する支払を行うことにより，標準的な生産費の補償が行われることになった。2011年からは対象が畑作物に拡大され，戸別所得補償制度が本格的に実施された。また，6次産業化については，2010年に「地域資源を活用した農林漁業者等による新事業の創出等及び地域の農林水産物の利用の促進に関する法律」（六次産業化法）が成立し，翌年3月に施行された。また，農林水産省では，これを支える組織再編が同年9月に行われ，食料産業局が設置された。各年度の「食料・農業・農村の動向」の記載内容を見ても，2009年度から所得増大のための取組が項目として明記され，生産・加工・販売の一体化の取組やブランド化の取組が具体的項目としてあげられており，2011年度には6次産業化等による所得の増大として，更に内容が充実された。

（3）自民党の政権復帰と農業・農村の所得倍増に向けた取組

　2012年12月の衆議院選挙において，自民党は議席の過半数を回復し，政権に復帰した。その直後の2013年1月，農林水産省は大臣を本部長とする「攻めの農林水産業推進本部」を設置し，「日本型直接支払い」及び「担い手総合支援」の制度検討を行う委員会と，内外の市場開拓，付加価値の創造等の戦略の検討を行う委員会を置いて，具体的検討を開始した[22]。5月には，農林水産業・地域が持続的に発展するための方策を地域の視点に立って幅広く検討するため，内閣に総理大臣を本部長とする「農林水産業・地域の活力創造本部」が設置された。同本部は，12月に「農林水産業・地域の活力創造プラン」[23]を決定したが，同プランにおいては，農業・農村全体の所得を10年間で倍増させることを目指し[24]，①国内外の需要の拡大，②需要と供給をつなぐ付加価値向上のための連鎖の構築など収入増大の取組，③生産コスト削減や経営所得安

定対策の見直しなどの生産現場の強化，④農村の多面的機能の維持・発揮，を
四つの柱を軸として政策を再構築することを基本的立場とした。民主党が進め
た政策のうち，米・畑作物に関する直接支払については，米の直接支払交付金
を段階的に廃止するとともに，畑作物の直接交付金及び米・畑作物の収入変動
交付金については，対象者を認定農業者・集落営農等に限定（ただし規模要件
は課さない）することとし，構造改革に逆行する施策を一掃しつつ政策を総動
員するとされた。一方，6次産業化施策については，付加価値向上のための重
要な政策として，知的財産の活用，生産・流通システムの高度化等も含め，農業
にイノベーションを起こすことにより新たな所得と雇用を生み出すこととされた。

　以上のように，多様な農業経営体の維持と6次産業化等による所得増大が重
視された民主党政権下の農業政策を経て，自民党政権下では構造改革を進めつ
つ農業・農村の所得増加を図ることが重視されることとなったが，共通して，
ブランド化を含めた6次産業化等によって付加価値を向上させ，所得向上を図
るための施策の重要性が増してきたと言えよう[25]。

3．地理的表示に関連する国際的な環境の変化

（1）地理的表示に関する WTO での交渉

　第2章で述べたように，地理的表示に関して最も広く受け入れられている保
護の国際ルールは，WTO 設立協定の附属書である TRIPS 協定で定められた
ものである。EU 等は，WTO の交渉の場で，このルールの拡充を主張してお
り，主な論点は，①ぶどう酒及び蒸留酒の地理的表示についての多国間通報・
登録制度の創設，②追加的保護の対象拡大，③地理的表示の取戻し（他国で一
般名称化している名称を地理的表示として保護させること）の3点であるが，
ここでは主に，地理的表示保護制度の創設と関連の深い追加的保護の対象拡大
について述べる[26]。

　現在の TRIPS 協定において，原産地の誤認を要件としない保護である追加
的保護の対象は，ぶどう酒及び蒸留酒の地理的表示に限られているが，EU 等

はこれをこれら以外の産品にも拡大することを求めている。この問題について
は，2001 年のドーハ閣僚宣言で，TRIPS 理事会で検討し，2002 年末までに
その結果を貿易交渉委員会に報告することが定められた。その後 TRIPS 理事
会等で継続的に議論が行われ，2005 年の EU 提案では対象を全ての産品に拡
大することが提案されたが，米国等は現在の保護水準が妥当であるとしてこれ
に反対した。さらに，2008 年 7 月には，インド，ブラジル，EU，ACP（ア
フリカ・カリブ海・太平洋）諸国等から，新たな提案がなされ，ぶどう酒等の
多国間通報・登録制度，追加的保護の対象拡大，TRIPS 協定と生物多様性条
約との関係という三つの事項を並列的に交渉項目として一括受託項目とするこ
とが提案された。しかし，その後も拡大に積極的な加盟国と慎重な加盟国の立
場の違いは大きく，議論はまとまっていない。

　このように，WTO における追加的保護の対象拡大については，議論の方向
性がはっきりしていないが，EU 等は継続的に対象拡大の主張を続け，特に
2008 年には，地理的表示と直接関係のない生物多様性条約の問題も絡めて，
多数派を形成する試みが行われている。当時，我が国では，追加的保護に対応
しているのは酒の表示規制による地理的表示保護しかなかったため，WTO で
追加的保護の対象拡大が合意された場合は，地理的表示を保護する何らかの新
しい制度が必要になることになる。このような状況の中で，前述した 2008 年
9 月の「新経済成長戦略　フォローアップと改訂」[27]では，農林水産業の競争
力強化方策の一つとして，WTO で議論されている地理的表示の導入と合わ
せ，農林水産品に対して地理的表示を与える制度について検討を進めることが
定められた。

（2）我が国における経済連携の推進

1）TPP 交渉
　我が国では，世界に開かれた経済の構築を図るため，WTO 交渉の加速とと
もに，EPA 等の地域貿易協定の締結が推進されてきたが，WTO 交渉が行き

詰まる中で，経済連携の推進の重要性が増していった。

　2008 年の「経済財政改革の基本方針 2008」[28]においては，2010 年に EPA 締結国との貿易額の全体に占める割合を 25 ％以上とすることを目指し，2010 年に向けた工程表を推進するとされていたが，この時点では，具体的な工程の対象に農業等への影響の大きい米国及び EU は含まれていなかった。大きな転機となったのは，2010 年 10 月の菅直人内閣総理大臣の TPP への参加検討の表明である[29]。米国は，既に TPP 参加の交渉を開始していたことから，国内農業に大きな影響が予想されたのである。このため，同年 11 月の「包括的経済連携に関する基本方針」[30]では，「高いレベルの経済連携の推進と我が国食料自給率の向上や国内農業・農村の振興とを両立させ，持続可能な力強い農業を育てるための対策を講じる」とされ，早急に農業強化方策を検討することとされた。この検討を行うため，官邸に「食と農林漁業の再生推進本部」が設置されるとともに，関係閣僚と民間有識者から構成される「食と農林漁業の再生実現会議」が設置され，具体策の検討が行われた。この間，経済団体が TPP 交渉への早期参加を求める一方，全国農業協同組合中央会を中心として，交渉参加への反対署名運動が行われ，2011 年 10 月に 1,100 万人を超す反対署名が官邸に提出されており，TPP 交渉を進める上で強力な農業振興方策を講じることが不可欠となっていた。

　同年 8 月の食と農林漁業の再生実現会議の中間提言[31]を経て，同年 10 月には，食と農林漁業の再生推進本部が，「我が国の食と農林漁業の再生のための基本方針・行動計画」[32]を決定した。この中では，「国内需要が縮小する中，新たな需要創出，内外の新規市場の開拓を通じて国内の生産基盤を維持し，高いレベルの経済連携と両立しうる持続可能な農林漁業の実現」等が目指すべき姿とされ，農林漁業の競争力・体質強化の戦略としては，持続可能な力強い農業の実現及び 6 次産業化・成長産業化，流通効率化の二つがあげられた。前者は，人材の確保と経営規模拡大により農業構造の強化を目指すものであり，後者は，6 次産業化による付加価値向上，消費者との絆の強化，輸出戦略の立直し等により，品質等を重視した需要拡大，高付加価値化を目指すものである。こ

の一環として，地理的表示については，「我が国の高品質な農林水産物に対する信用を高め，適切な評価が得られるよう，地理的表示の保護制度を導入する」とされた。その後，11月に，野田佳彦内閣総理大臣から，交渉参加に向け関係国と協議に入る旨が表明された[33]。

　自民党が政権に復帰し，2013年3月に安倍晋三内閣総理大臣からTPP交渉の参加が表明されたが[34]，この中で，高品質な農林水産物輸出の具体事例をあげた上で，攻めの農業改革により農林水産業の競争力を高め，輸出拡大を進めることで成長産業にするとし，あらゆる努力により日本の「農」と「食」を守ることが述べられた。具体的な農業振興方策については，既述した「農林水産業・地域の活力創造プラン」として12月に取りまとめられたが，TPP等の経済連携を進める上でも，日本の農林水産物・食品の強みを活かした競争力強化の重要性が高まり，これに対する具体策が強く求められることとなった。

2）日EU経済連携協定

　TPPの交渉と平行して，日EU・EPA協定締結に向けた交渉が行われた[35]。交渉の経緯は，2009年5月の日EU定期首脳会議において，日EU経済の統合に協力する意図が表明され，2010年4月に経済関係の包括的な強化・統合に向けた「共同検討作業」を開始することが合意された。その後，2011年5月の日EU定期首脳会議において，交渉のためのプロセスを開始することが合意され，双方の交渉の範囲及び野心のレベルを定めるための議論（スコーピング作業）を経て，2013年3月に協定の交渉開始が合意された。

　この交渉でのEU側の関心事は，農産品等の市場アクセスの改善，非関税障壁，政府調達等と並んで，地理的表示の保護が重要な事項となっていた。地理的表示保護に関する具体的なEUの主張等については次章で述べることとするが，日EU・EPA協定の交渉の推進上も，EUの地理的表示を保護し得る地理的表示保護制度を，我が国で創設することが重要な課題となってきていた[36]。

（3）対外的な環境変化に対応するための地理的表示保護制度創設の必要性
の高まり

　本節では，WTO の交渉の場において，EU 等が地理的表示保護の拡充を継続的に主張したことを（1）で整理したが，WTO での農業分野の交渉において，我が国と比較的共通点が多い EU の主張は，我が国としても考慮すべきものであったと考えられる。また，（2）2）で述べたように，日 EU 経済連携協定の交渉で，EU 側から直接，我が国に地理的表示保護の強化が求められ，交渉を進める上で，地理的表示保護に対応していくことが必要となった。さらに，（2）1）で述べたとおり，我が国は TPP などの経済連携を積極的に進めることとなったが，このためには高いレベルの経済連携の下でも持続可能な農林漁業の実現することが不可欠となり，この具体策としての地理的表示保護制度の必要性が高まっていった。

　このように，対外的な交渉等の国際的な環境も，地理的表示保護制度創設を進める力として，影響を与えることになったと考えられる。

4．小括

　2006 年度に運用が開始された地域団体商標制度は，初年度に 700 近くの登録申請数が行われるなど，地域ブランド振興の方策として盛んに活用された。一方で，経済的な効果につながらないとの利用者の意見があり，また，産品の付加価値の増加を図る上で，品質基準の設定がされないため経済的効果につながりにくいなど，制度上の課題が指摘された。

　農業・農政を取り巻く状況として，国内的には，大規模化等による生産性の向上，農業の構造改革を重視した小泉政権下での方向から，小規模農家を含めた多様な農業経営体の維持と 6 次産業化等による所得増大が重視された民主党政権下の農業政策を経て，2012 年からの安倍政権下では構造改革を進めつつ農業・農村の所得増加を図ることが重視されることとなった。このような中で，ブランド化を含めた 6 次産業化等によって付加価値を向上させ，所得向上を図

るための施策の重要性が増していった。国際的には，経済連携が推進され，特にTPPへの参加に関し，高いレベルの経済連携と両立する持続可能な農林水産業を実現するため，日本の強みを活かした農業振興の具体策が求められた。さらに，日EU経済連携協定の交渉においては，EUが地理的表示保護を強く求めていた。

　このように，地域団体商標制度に関し，農産物・食品の高付加価値化を図る上で制度上の課題があることが認識される一方で，農業・農村の所得向上を図るための具体策やEUへの対応策として，特別の地理的表示保護制度の必要性が高まっていった。

注⑴　データは，特許庁（2009）による。
　⑵　回答者の3割以上が回答した内容（複数回答）である。
　⑶　このほか，表示違反に対して，地理的表示保護制度では行政が積極的に関与するのに対して，地域団体商標制度では基本的に権利者が対応すること，地理的表示では地理的表示を示す共通マークの設定や行政の積極的PRが行われるが，地域団体商標制度では基本的に権利者の取組によることなども指摘された（農林水産政策研究所，2012：63）。
　⑷　回答者の3割以上が回答した内容（複数回答）である。
　⑸　2010年のデータは，知的財産研究所（2011），2012年のデータは，特許庁（2013）による。
　⑹　2001年6月26日閣議決定。
　⑺　2002年6月25日閣議決定。
　⑻　具体的には，「構造改革特区などの手法の活用を含め，農業経営の株式会社化等効率的な企業的農業経営が展開するための制度改革等の条件整備を行う」とされており，企業参入等による多様な農業経営を念頭に置いたものであった。
　⑼　2004年5月24日亀井善之農林水産大臣名での構想（第3章注⑽を参照）。
　⑽　首相官邸（2005）「21世紀新農政の推進について〜攻めの農政への転換〜」（2005年3月22日食料・農業・農村政策推進本部決定），https://www.kantei.go.jp/jp/singi/syokuryo/kettei/050322kettei.html（2019年10月18日参照）。
　⑾　この決定では，農業構造改革のほか，消費者重視の食料供給・消費システムの確立，高品質で安全・安心な我が国農林水産物・食品の輸出促進，農業・農村に関する価値の社会的共有等についても事項としてあげられており，特に輸出促進や価値共有の面からのブランド保護対策が明示されていた。なお，農林水産物・食品の輸出については，目標として2013年までに輸出額を1兆円規模とすることが，2007年4月の食料・農業・農村政策推進本部決定により定められた。

⑿ 2005 年 3 月 25 日閣議決定。

⒀ WTO の設立協定の附属書である農業に関する協定においては，国境措置の関税化，国内支持の削減等が定められている。このうち，国内支持の削減については，国内支持を 3 分類し，黄の政策（市場価格支持等）については総額を 6 年間で 20 ％の削減対象にする一方，貿易に対する歪曲効果又は生産に対する影響が全くないか又は最小限なものを緑の政策（農村基盤整備，備蓄等）及び青の政策（生産調整等）として削減対象外とした。この削減対象外の国内支持となるよう，個別品目の生産と切り離した形での経営安定対策が検討された。

⒁ この交付金は，過去の生産実績に基づく支払と毎年の生産量・品質に基づく支払から構成された。過去の生産実績による支払が採用されたのは，WTO の農業に関する協定で削減対象とされた緑の政策に位置付けるためである。

⒂ 2007 年 7 月の参議院選挙で，三つの約束の一つとして「戸別所得補償制度の創設」を掲げた民主党が大幅に議席を伸ばしていた。

⒃ 首相官邸（2008）「21 世紀新農政 2008」（2008 年 5 月 7 日食料・農業・農村政策推進本部決定），https://www.kantei.go.jp/jp/singi/syokuryo/kettei/080507kettei.html（2019 年 10 月 18 日参照）．

⒄ 民主党アーカイブ「民主党　政権政策　Manifest」（2009 年 7 月 27 日），http://archive.dpj.or.jp/special/manifesto2009/pdf/manifesto_2009.pdf（2019 年 10 月 18 日 参照）．

⒅ 民主党アーカイブ「民主党　政権公約　MANIFEST（マニフェスト）」（2007 年 7 月 9 日），http://archive.dpj.or.jp/policy/manifesto/images/Manifesto_2007.pdf（2019 年 10 月 18 日参照）．

⒆ 「平成 21 年度食料・農業・農村の動向」（農業白書）pp.14-15。

⒇ 2010 年 3 月 30 日閣議決定。

(21) しかし，その後，民主党政権下で 2011 年に定められた「我が国の食と農林漁業の再生のための基本方針・行動計画」（2011 年 11 月 9 日閣議決定）では，「平地で 20〜30ha，中山間で 10〜20ha の経営体が太宗を占める構造を目指す」とされ，規模拡大の方向性が明確にされた。生源寺眞一は，食料・農業・農村基本法で，効率的・安定的な農業経営の育成の方向が定められているのに，これとは理念が異なる食料・農業・農村基本計画が 2010 年に定められ，さらにこの内容が大きく方向転換されたことについて，「迷走する農政」と批判している（生源寺，2014：123-152）。

(22) 農林水産省（2013）「攻めの農林水産業推進本部の設置について」，http://www.maff.go.jp/j/kanbo/saisei/honbu/pdf/honbu1_setti.pdf（2019 年 10 月 18 日参照）．

(23) 首相官邸（2013）「農林水産業・地域の活力創造プラン」（2013 年 12 月 10 日農林水産業・地域の活力創造本部決定），https://www.kantei.go.jp/jp/singi/nousui/pdf/plan-honbun.pdf（2019 年 10 月 18 日参照）．

(24) 農業・農村所得の倍増については，これに先立ち，自民党農林部会が「農業・農村所得

倍増目標 10 カ年戦略」を取りまとめており，与党の方針も踏まえ，政府のプランが決定されている。

⑵ 元農林水産省官僚である林正徳は，日本の農業政策の中心課題が，コスト削減・規模拡大などの「大量生産・大量消費型」農産物・食品の供給確保と需給調整であったとし，「少量生産・少量消費型」農産物・食品の品質政策の導入の例として地理的表示保護制度の創設をあげている（林，2015b：172-173）。

⑵ 地理的表示保護に関する WTO での議論の進展については，主に，今村（2013）及び Katuri Das（2010）を参照した。

⑵ 2008 年 9 月 19 日閣議決定。

⑵ 2008 年 6 月 27 日閣議決定。

⑵ 2010 年 10 月 1 日衆議院本会議菅直人内閣総理大臣所信表明演説（第 176 回国会衆議院会議録第 1 号）。

⑶ 2010 年 11 月 9 日閣議決定。

⑶ 内閣官房（2011）「我が国の食と農林漁業再生のための中間提言」（2011 年 8 月 2 日食と農林漁業の再生実現会議取りまとめ），https://www.cas.go.jp/jp/seisaku/npu/policy05/pdf/20111214/20110912.pdf（2019 年 10 月 18 日参照）.

⑶ 内閣官房（2011）「我が国の食と農林漁業の再生のための基本方針・行動計画」（2011 年 10 月 25 日食と農林漁業の再生推進本部決定），https://www.cas.go.jp/jp/seisaku/npu/policy05/pdf/20111025/siryo1.pdf（2019 年 10 月 18 日参照）.

⑶ 首相官邸（2011）「2011 年 11 月 11 日野田佳彦内閣総理大臣記者会見」，http://warp.ndl.go.jp/info: ndljp/pid/4410784/www.kantei.go.jp/jp/noda/statement/2011/1111kaiken.html（国立国会図書館インターネット資料収集事業（WARP），2019 年 10 月 18 日参照）。

⑶ 首相官邸（2013）「2013 年 3 月 15 日安倍晋三内閣総理大臣記者会見」，http://warp.ndl.go.jp/info:ndljp/pid/8833367/www.kantei.go.jp/jp/96_abe/statement/2013/0315kaiken.html（国立国会図書館インターネット資料収集事業（WARP），2019 年 10 月 18 日参照）.

⑶ 交渉の経緯については，経済産業省「通商白書 2018 年版　第Ⅲ部第 1 章第 1 節　メガ FTA（CPTPP，日 EU・EPA, RCEP）等」を参照した。https://www.meti.go.jp/report/tsuhaku2018/pdf/03-01-01.pdf（2019 年 10 月 18 日参照）.

⑶ 2018 年 7 月に署名された日 EU 経済連携協定では，①双方が，地理的表示を確定する行政手続，異議申立手続等を備えた保護制度を確立・維持すること，②附属書に掲載される双方の地理的表示（日本側 56 品目，EU 側 210 品目）に追加的保護とおおむね同等の高いレベルの保護を与えること，③行政が適切な保護措置をとること，等を内容とする詳細な規定が定められている。

第5章　地理的表示保護制度の再検討と創設に至る経緯（2014年の地理的表示法成立に至る政策過程）

　前章で述べたとおり，地域団体商標制度は，産品の付加価値向上に関する課題が指摘されつつも，制度創設以来，地域ブランド振興に盛んに利用されていった。このような中で，地理的表示を保護する新たな制度の必要性が再度提起され，創設に向けた議論が進んでいくことになった。

　本章では，地域団体商標制度という地域ブランド保護制度が既に存在する中で，どのような観点から新たな制度が検討され，農林水産省と特許庁でどのような政策案が検討・調整されたのかを整理する。また，この両省庁の案について，第2章で整理した地理的表示保護の二つのアイディアとの関係を示すとともに，「品質保証による付加価値向上」という農林水産省の政策アイディアの果たした役割に注目して，両省庁の調整及び決定の過程を整理する。その結果，2004年とは異なり，関係者間で合意が整い，農林水産振興施策の一環として2014年に地理的表示保護制度が創設されたことについて，その背景と経緯を分析する。

1．地理的表示保護制度の検討の再開

　地理的表示保護制度が再度注目されたのは，2008年9月の「新経済戦略フォローアップと改訂」[1]で地理的表示保護制度の検討が記載されて以降である。この中で，農林水産業の競争力の強化方策として，「地理的表示の普及による世界水準のブランド育成・保護」が，農地，担い手などの産業基盤の強化，輸出促進等と並んで，位置付けられた。具体的には，価格競争を排除し付加価値の高い食材として認知されるため，表示の充実等により，国内外の消費者に

対し，品質，安全性，生産に対するこだわりを確実に伝えることが不可欠とした上で，WTO で議論されている地理的表示の導入と合わせ，農林水産品に対し地理的表示を与える制度について検討を進めることとされた。ここでは，農林水産品の付加価値向上を図るため，品質等の情報を的確に伝える仕組みとしての地理的表示保護制度が課題として記載されたことになる。これには，第4章3．（1）で述べたとおり，EU が WTO の交渉の場で，途上国等とも連携して，地理的表示の追加的保護の対象拡大など保護拡大の主張を強めていたことも影響していたものと考えられる。その後，2009年3月の「第3期知的財産戦略の基本方針」[2]においても，ソフトパワー産業の成長戦略の推進方策として，同様の内容が記載されている。

　これらを受けて，農林水産省は，特別の地理的表示保護制度の創設について再度検討を始めた。一方，特許庁も，商標制度に証明商標制度を創設することにより，地理的表示を保護する方策の検討を始めた。

　このような地理的表示保護制度創設に向けた検討が進められている時期に，前章でふれたように，検討の背景となる国内外の状況が変化していった。前述したように，地理的表示保護は，2008年の「新経済戦略　フォローアップと改訂」以降，検討が再開されたが，その後，2009年からの民主党政権下において，6次産業化による所得増大が重点課題とされ，その一環として，地理的表示保護制度の創設が位置付けられたのである。2010年の「食料・農業・農村基本計画」では，6次産業化等による所得の増大として，農産物の品質向上，加工や直接販売等による付加価値の向上やブランド化の推進等による販売価格の向上を図るとされるとともに，地理的表示を支える仕組みの検討についても明記された。

　また，2010年の TPP への参加検討の表明を受けて，高いレベルの経済連携と国内農業・農村振興との両立の具体策が求められた。第4章3．（2）で述べたとおり，その具体策を定めた2011年10月の「我が国の食と農林漁業の再生のための基本方針・行動計画」の中で，6次産業化による付加価値向上等の施策の一つとして，地理的表示保護制度の創設も位置付けられた。この内容

は，2012年7月の「日本再生戦略」[3]においても記載され，地理的表示保護制度については，「早期導入」することとされ，知的財産等を活用した新産業創出を促進するとされた。

さらには，2011年に交渉のためのプロセスを開始することが決定されたEUとの経済連携協定交渉において，EU側から地理的表示保護の強い要求があり，EUの地理的表示を高いレベルで保護できる仕組みの創設が，交渉を進めるために不可欠な状況となっていた[4]。EU側は，交渉で保護強化を求めるほか，政府関係者や一般に向けて，EUの地理的表示保護制度やその効果に関するセミナーを開催し[5]，EU型の保護制度が創設される機運作りに努めていた。

2．検討初期に農林水産省及び特許庁で行われた研究，検討

（1）農林水産省での研究，検討

地理的表示保護制度を検討するに当たり，農林水産省がまず行ったのは，国内の農林水産物ブランドの状況・課題を把握するとともに，海外の地理的表示保護制度やその運用の詳細を調査することであった。この検討の担当は，2004年の総合食料局食品産業企画課（食品産業の振興を所管）とは異なり，2008年に設置された生産局知的財産課となった。農林水産省は，知的財産の積極的・戦略的活用が国際競争力強化や収益性の向上等に向けた重要な政策課題であるとの認識の下，2006年に農林水産省知的財産戦略本部を設置し，2007年に「農林水産省知的財産戦略」[6]を策定して，知的財産に関する施策の充実を図っていた。このような中で，2008年8月に，農林水産省の所掌事業における知的財産の活用に関する総合的な政策の企画・立案に関する事務等を行う「知的財産課」が，品種登録制度を所掌していた種苗課をベースに創設され，地域ブランドに関する事務も所掌することとなっていた。地理的表示を，知的財産保護の観点から検討できる体制が整えられたのである[7]。

地理的表示保護制度に関する海外調査は，農林水産省内の研究機関である農林水産政策研究所と共同で2010年に行われた。対象は，EUに加え，アジア

で既に EU 型の地理的表示保護制度を導入していた韓国であったが，特に，EU の制度の内容及び具体的運用については，欧州委員会のほか，地理的表示保護に熱心なフランス及びイタリアでの運用実態も含めて，詳細な調査が行われた。農林水産政策研究所は，担当課との協議を踏まえ，2010 年度から地理的表示に関する研究課題を設定して研究を続け，海外調査結果を含む研究成果を報告書としてまとめた[(8)]。報告書では，条約による国際的な保護の状況や EU 等諸外国の地理的表示保護制度の内容・運用の詳細を示すとともに，EU 等で保護制度が価格の上昇や農業者手取りの増加等の経済的効果をあげていることを示し，地理的表示保護制度が農業振興施策として有効な政策手段であることを示すものとなっていた。また，我が国における地域ブランド保護に関する状況と課題等を整理した上で，品質保証を重視した特別の保護制度を，我が国でも導入すべきことを提言していた。こういった，EU 等の保護制度の具体的な制度内容や運用実態，制度による効果などは，行政部局での検討に活用されるとともに，2012 年 3 月からの地理的表示保護制度研究会での議論に活用され[(9)]，具体的な政策案の立案に反映されていった。

　このように，地理的表示保護制度の再検討においては，EU の保護制度に関する詳細な学習が行われ，その背景となる考え方も踏まえた上で，政策案の検討が行われることになった。

（2）特許庁での研究，検討

　一方で，特許庁は，商標制度の活用による地理的表示保護の方策の検討を進めた。2010 年度に，特許庁は，知的財産研究所に委託して，「地理的表示・地名等に係る商標の保護に関する調査研究」を行った。この調査研究は，知的財産研究所に，学者，弁護士，弁理士等からなる調査研究委員会を設置して行われたが，特許庁審査業務部長をはじめ特許庁職員 10 名，特許庁以外の経済産業省職員 2 名，農林水産省職員 2 名，国税庁職員 1 名をオブザーバーとしていた。調査研究の目的は，地理的表示について，独自の保護制度を整備している EU 等だけでなく，米国等においても証明商標制度により地理的表示の保護が

可能になっていることを指摘した上で，国際調和の観点から我が国における地理的表示の保護制度のあり方を検討する必要があることとしており（知的財産研究所，2011：1-2），主に証明商標制度による地理的表示の保護について調査・分析を行っている。取りまとめられた報告書では，地理的表示を保護する証明商標制度の導入について産業界に一定のニーズがあることを示した上で[10]，米国等諸外国の制度の分析，地域団体商標制度との関係整理を行い，我が国に地理的表示の証明商標による保護制度を導入することとした場合の制度設計について検討を行っている。具体的には，証明を行う機関として適切な者を権利主体とし，その証明機関が証明を行うことによって証明対象とそれ以外のものを識別できれば，需要者の認識度合いに依拠せずに，地理的名称からなる証明商標が登録可能ではないかとし，地理的表示の証明商標としての登録可能性を指摘する内容となっている。一方，商品の品質保証機能を制度上どう担保するかが重要な要素とはしているが，証明基準等の妥当性は原則として商標権者の自主的な運用に委ねるべきとし，また，品質管理基準の遵守状況については特許庁が積極的にチェックするよりも第3者による取消審判にその機能を負わせる方が効率的としている。このように，品質保証に行政が積極的に関与せず，基本的に事業者の取組に任せるという米国型の保護制度と同様の考え方をとって，地理的表示を証明商標制度で保護する方向が示された。

　2011年度は，特許庁から日本国際知的財産保護協会への委託研究として，「諸外国の地理的表示保護制度及び同保護をめぐる国際的動向に関する調査研究」が行われた。この調査研究は，地理的表示保護をめぐる米国とEUの対立等の国際環境の中で，国際交渉において我が国が戦略的対応を可能にするため，諸外国の地理的表示保護制度及び国際動向を網羅的かつ的確に把握することを目的に行われた。報告書では，26か国・地域の地理的表示保護に関して，根拠法，定義，保護手続，効果等制度の内容，運用の実態などを整理しているが（日本国際知的財産保護協会，2012），あくまで諸外国の保護制度を整理したもので，我が国の制度についての検討は行っていない。

3．地理的表示保護制度研究会開催までの両省庁の関係

　地理的表示保護制度の検討が再開される少し前から，農林水産分野の知的財産に関する農林水産省と経済産業省の連携強化の取組が行われていた。2．（1）で述べたように，農林水産省は，2006年に農林水産省知的財産戦略本部を設置し，2007年に「農林水産省知的財産戦略」を策定して，知的財産に関する施策の充実を図っていた。このような農林水産省の取組も踏まえ，2007年に農林水産大臣と経済産業大臣が，農林水産分野の知的財産保護について両省が密接に強力・連携していくべきとの認識で一致し，両省連携会議の設置，地域ごとの総合相談窓口の設置，地域団体商標制度の活用に関する連携など，知的財産に関する両省の連携が推進された（特許庁総務部総務課，2008）。これは，農林水産分野の知的財産施策を強化したい農林水産省と，知的財産権の観点から農林水産分野にも施策対象を拡大したい経済産業省との意向が合致したものと考えられる。このような取組により，両省間で，知的財産に関する密接な意見交換，交渉を行う基盤が形成されてきたといえよう。

　地理的表示保護の検討についても，既述したとおり，農林水産省担当者が，特許庁主導の研究のオブザーバーとなるなど，継続的な意見交換が行われていた。さらに，2011年6月の知的財産学会で，特許庁審査業務部長等の企画によるセッション「地理的表示に関する知財戦略とそのための基盤整備」が開催され，特許庁職員，農林水産省職員，研究者等による発表と地理的表示に関する今後の知財戦略の在り方についての討論が行われた。このセッションでは，それぞれの立場から，EU型の地理的表示保護制度を導入すべきとする意見や証明商標制度の活用についての意見が示されたが，当時の特許庁審査業務部長であり，セッションの総合コメンテーターを担当した橋本正洋は，議論の結果として，①国際貿易交渉の促進の観点，我が国発信の産品の国際競争力強化や産業振興の観点から，地理的表示の保護のための基盤強化が必要であること，②その具体的保護の仕組みについては，地理的表示に特有の性質（品質保証機

能の担保や適格者が排除されない仕組みの確保）に留意した対応が必要であること，③国内での基盤整備の検討に当たっては，農業（産業）政策部門と知財部門との密接な連携・議論が必須であること，などが参加者の共通の認識として得られたと整理している（橋本，2011：5）。

さらに，知的財産分野よりも広い分野の連携であるが，2010 年制定の「中小企業者と農林漁業者との連携による事業活動の促進に関する法律」により，中小企業者と農林漁業者の連携を，経済産業省と農林水産省が協力して進める体制が整えられたことも影響した。同法では，中小企業者の経営の向上及び農林漁業経営の改善を図るための，中小企業者及び農林漁業者が連携して実施する事業で，新商品の開発，生産，需要の開拓等を行うものを，「農商工連携事業」と定義し，事業計画を主務大臣が認定し，融資，保証等の支援策を講じることで，取組の促進を図っている。主務大臣は経済産業大臣及び農林水産大臣等であり，農商工連携事業の内容にはブランド化の取組も含まれることから，同法の運用を通じ，両省が協力して地域ブランドに関する取組を支援していくことになったのである。

このように，農林水産省と経済産業省との知的財産関係をはじめとした連携体制が整備される中[11]，地理的表示保護という個別の問題についても，継続的な意見交換，相互の政策学習が進んだと考えられる。

4．地理的表示保護制度研究会における議論と報告書骨子案

（1）地理的表示保護制度研究会での議論

1 で述べた「我が国の食と農林漁業の再生のための基本方針・行動計画」を受けて，農林水産省は，2011 年 11 月に「「我が国の食と農林漁業の再生のための基本方針・行動計画」に関する取組方針」[12]を定めた。これは，基本方針・行動計画の項目ごとの取組方針を定めたものであるが，地理的表示保護制度については，「国際的な動向を踏まえ，適切な時期に制度を創設できるよう，平成 23 年度中に有識者等による研究会を立ち上げる」とされた。なお，この取

組方針が定められ，研究会で議論が進められた時期の担当局長である針原寿郎局長は，2011 年 9 月に新設された食料産業局[13]の初代局長であり，食の分野で新しい産業を創出・育成することを重要な課題としていた。また，2004 年に農林水産省による地理的表示保護制度創設が挫折した際は，出向していた内閣官房で新たな地域ブランド保護制度創設の検討に関わってもおり，この局長の強力なリーダーシップの下，その後の検討が行われることになった。

　上記の取組方針を踏まえ，2012 年 3 月に，地理的表示保護制度の導入に向けた提言を取りまとめるため，農林水産省食料産業局長の私的研究会である「地理的表示保護制度研究会」が設置された。研究会のメンバーは，知的財産等に関する有識者のほか，農業関係者，食品産業関係者，報道関係者等 9 名で構成され，座長は元食料・農業・農村政策審議会会長である上原征彦明治大学大学院教授が選出された。委員には元特許庁長官や特許庁 OB の大学教授といった，特許庁の立場を代弁し得るものも含まれた[14]。第 1 回の研究会では，「我が国の地域特産物となっている農林水産物や食品について，高付加価値化・ブランド化を一層推進し，農山漁村の活性化を図るため，地理的表示の保護制度を導入する」ことが明示され，その地域に由来する品質や特徴について適切な評価を与える仕組みが必要とした[15]。また，地域ブランドの信用を高める制度としての地理的表示保護制度を導入することにより，輸出市場での有利性確保，消費者の信頼向上による価格上昇と生産者所得の増加，6 次産業化の取組推進が効果として期待されるとした。このように，当初から，農林水産物の品質等の信頼を高めることを通じた付加価値向上施策として制度を創設することが明確にされていた。

　第 1 回研究会の議論では，大きな方向性として，シンプルでわかりやすい仕組みとすべき，我が国の実態に即した仕組みとすべき等の意見が出された[16]。また，地域団体商標制度など既存制度との関係について，商標制度等地理的表示に関連する既存の制度がある中で，どの制度を使うのか生産者が選択可能となるような制度とすべきとの意見や，意匠権とグッドデザイン賞のように，知的財産法制による規制と公的機関による表彰をセットで行うことにより，ブラ

ンド価値を高めるという仕組みもあり得るのではないかとの意見が出されている[17]。

　研究会は８月までに５回にわたり行われた。審議経過は，第５－１表のとおりであり，国内の農林水産物・食品の生産者の団体や，制度創設により現在使用している名称に影響も予想される食品産業の関係者とともに，我が国に食品等を輸出し，我が国の地理的表示保護制度に強い関心を持つ，米国，オーストラリア，EU の関係者からのインタビューが行われた。生産者団体からは差別化につながる制度創設に期待する意見等が出され，食品産業関係者からは制度の意義を認めつつも産品の種類を示す名称[18]まで保護されることへの懸念が示された。また，米国やオーストラリアの関係団体からは，地理的表示保護により通商，貿易が阻害されないようにすべきとの意見が出る一方，EU 関係団体からは，地理的表示保護により産品の高付加価値化等の効果をあげていることが示された。

　関係者からのヒアリングや委員間の議論により，地域ブランド産品を活用した農山漁村の活性化等を図るため地理的表示保護制度を創設すべきこと，その際に，国際的な調和や既存制度との整合性に配慮した制度とすべきこと等について，意見が集約されていった。なお，この過程において，関係省庁との調整を踏まえた内容とすべきとの意見が，繰り返し述べられた[19]。こういった議論の過程を経て，８月３日の第５回研究会において，これまでの議論を取りまとめた「地理的表示保護制度研究会報告書骨子案」[20]が提示された。

第５－１表　地理的表示保護制度研究会の審議経過

回数	日時	審議内容
第１回	2012 年 3 月 26 日	座長選出，農林水産省提出資料（地理的表示保護制度に係る主要論点等）に基づく自由討論
第２回	2012 年 4 月 25 日	国内生産者団体及び米国関係団体からのヒアリング，意見交換
第３回	2012 年 5 月 31 日	国内生産者団体及び食品企業からのヒアリング，意見交換
第４回	2012 年 7 月 5 日	豪州関係団体及び EU 関係団体からのヒアリング，意見交換
第５回	2012 年 8 月 3 日	研究会報告書骨子案についての意見交換

資料：筆者作成.

（2）研究会報告骨子案の内容

　提示された地理的表示保護制度研究会報告書骨子案（以下「骨子案」という。）では，農山漁村の活性化を推進するため，「地域に固有の品質や特徴を有する地域ブランド産品について，公的主体が地域の品質や特徴の関連性を担保することにより，その地名付きのブランド名の保護を図る仕組みである地理的表示保護制度」を導入することが有効であるとして，そのあるべき姿の提言を行うとしている。

　具体的には，総論で，制度の目的と期待される効果として，①地域ブランド産品を活用した農山漁村の活性化，②消費者の選択に資する地域ブランド産品についての情報提供[21]，③我が国の地域ブランド産品の輸出促進，④海外における我が国の地名を付した模倣産品の流通の防止，の4点をあげている。このうち，①については，地域団体商標制度によるこれまでの効果を説明した上で，地理的表示保護制度を，公的主体が地域と品質等の関連性を担保するとともに地域ブランドの保護に関与する制度とし，地域団体商標制度の効果が一層明確かつ高度に発揮し得るとした。また，制度導入に向け留意すべき点として，①シンプルで我が国の実情に合った制度の導入，②地域団体商標制度等の既存制度に基づく取組を更に発展させる制度の導入，③選択可能な制度の導入，④EUや米国等の諸外国の理解を得られる制度の導入，の4点をあげた上で，まとめとして「特別（sui generis）な地理的表示保護制度を新たに導入」すべきとしている。このように，骨子案は，地域環境が特徴を生み出すとの考え方と行政関与の品質保証により付加価値を高めるという考え方を踏まえた，EUの制度と類似した特別の保護制度を創設することを提言しているようにも読める。

　各論では，対象とする産品について酒類を除く農林水産物・食品とし，保護のレベルについては現行制度より強化された保護を検討とした。また，品質管理措置については，生産者自らが品質管理を行うことを基本としつつ，消費者の信頼を高めるため，国又は国が認証した第3者機関が品質管理の状況を確認するなど，公的な関与の下で品質管理がなされる仕組みにすべきとした。商標

との関係については，地理的表示と商標の調整の必要性を指摘するとともに，創設する保護制度について，地域団体商標制度を基礎とした取組が進んでいるという我が国の特性に応じた独自の制度とすることも考えられるとした。この内容は，必ずしもEU類似の制度ではなく，地域団体商標制度を前提とした我が国独自の制度も視野に入れるものとなっていた。

5．報告書骨子案公表後の両省庁間の調整と地理的表示法の提出に至る過程

（1）特許庁の意向を踏まえた商標制度の体系内での整理の動き

　報告書骨子案が提示された時点の農林水産省の考え方についてであるが，報告書案提示直後の農林水産大臣記者会見において，郡司彰農相は，制度設計の方向に関する記者からの質問に対し，「これ（地域団体商標制度）をベースにしたような形で行っていくという議論」と回答し，ベースにするとは一本化するといったイメージかとの再質問に対し，「今あるものの中で，それを広げて，もう少し明確化する部分は明確化する」と回答している[22]。

　この会見ではこれ以上詳細な内容は述べられていないが，当時の関係者からのインタビューによれば[23]，農林水産省が検討していた内容は，保護対象を地域団体商標の登録を受けた産品に限定し，その中から，地域由来の品質等があるものについて農林水産大臣が認定することにより，特別の効果を与える仕組みであり，地域団体商標制度の上乗せ制度と言えるものだった[24]。認定により，同一・類似表示の使用を阻止できる商標権の効果に，追加的保護の効果を上乗せするもので，不正表示に対しては，権利者の差止請求による対応に加え，農林水産大臣による除去命令・命令違反に対する罰則を措置することとしていた。特許庁は，新制度を商標法体系の一部として整理できるよう，新制度を商標法の特例法として位置付け，両省の共管とすることを希望したのであり，農林水産省はこれに対応できる制度案を策定したと考えられる。この案は，「知的財産法制による規制と公的機関による表彰をセットで行う仕組み」という第1回研究会での委員発言や「地域団体商標制度を基礎とした取組が進

んでいるという我が国の特性に応じた独自の制度の検討」という骨子案に盛り込まれた内容に対応するものであった。ここには，ワインの生産地をめぐる争いから地理的表示保護制度が歴史的に形作られていったフランスとは異なり，地域団体商標制度が先行し数多くの地域ブランドが同制度で保護された後，特別な地理的表示保護制度を創設することになった我が国での経路依存的な検討経緯が見られる⁽²⁵⁾。なお，この案については，当時の農林水産省担当者としては，規制法の形式を取った場合，その規制が目的とする保護法益や立法事実の説明が厳格に求められるが，地域団体商標制度という既にある制度を基礎とした制度とすることで，法制度的な説明が容易になるのではないかという趣旨もあったとしている。

　また，品質管理については，認定に際して，品質等の基準の遵守体制が整備されていることを要件とし，その要件が維持されていないときは事後的な取消事由としていたが，個々の産品が基準に適合するかを日常的に管理する仕組みは盛り込まれていなかった。

　この政策案について，2で整理した地理的表示保護の二つのアイディアとの関係で，次のことが指摘できる。まず，地域環境が品質等の特性を生み出すというテロワールの考え方との関係である。地域団体商標制度の上乗せ案においても，地域由来の品質等を求めており，テロワールの考え方に沿っているようにも見えるが，地域団体商標の要件としての周知性の要件も満たしていることが前提である。一方で，EUの地理的表示保護は，その特性はその地域環境でしか生み出せないから保護するという考えであり，周知性は要件とされない。このような考え方の違いから，この制度案では，日本で周知となっていない多くのEUの地理的表示保護産品が保護されないことになる⁽²⁶⁾。

　もう一つは，行政関与の品質保証・情報提供との関係である。制度案においても，地域由来の品質等の認定，認定時の基準遵守体制の要求，事後的な取消によって，行政の一定の関与がなされることになっているが，日常的な品質管理について直接関与はしておらず，EUの制度と比べかなり不徹底な内容となっている。この内容は，むしろ，登録時に的確に証明をできる体制を要求

第5－2表　2012年の農林水産省案の位置付け

	自然環境，独自のノウハウなど特徴ある地域環境が特別の特性を生み出すことを前提に保護を行う	地域環境が生み出す特別の特性を前提にしない
行政が関与して基準適合を保証し，情報を伝えることで，価値の向上を図る	EU の地理的表示保護制度	
取組内容は事業者に任され，専ら事業者の取組により高付加価値化が図られる	2012年の農林水産省案	米国の商標制度による保護地域団体商標制度

資料：筆者作成.
注：日常的な品質管理に行政が原則的に関与せず，事後的な是正措置にとどまることを重視した.

し，証明の内容が不適当なときに事後的な取消を行う米国の証明商標制度に近く，行政関与の品質保証により付加価値向上を図るという EU の保護制度のアイディアは十分反映されていないものであった（第5－2表）。また，この権利者を中心とする仕組みとも関連するが，地域団体商標制度の上乗せとするため，商標の権利者である団体の構成員でなければ，その地理的表示を使用することができず[27]，基準を満たす産品を生産する地域の生産者は広く地理的表示を使用できるという，EU などの地理的表示保護とは異なるものとなっていた。

　ここで，2．（2）で述べた，特許庁が検討していた証明商標制度による地域ブランド保護の検討がどうなったかについてみておく。2012年の5月の「知的財産推進計画2012」[28]では，知財イノベーション総合戦略として，需要者に提供される商品や役務の品質などを証明する標識を保護するための商標制度の在り方について検討を行うこととされた。また，同年9月に開催された第29回商標制度小委員会では，商標法による地域ブランド保護の在り方が議題の一つとして取り上げられた。同小委員会で配付された資料では，地域団体商標の運用実態・課題や地理的表示保護に関する農林水産省での検討を示した上で，権利主体要件の緩和などの地域団体商標制度の改正の検討方向とともに，証明商標制度による地域ブランド保護の可能性についての検討が提示されてい

る^⑵。しかし，11月に開催された第30回商標制度小委員会で議論された報告書案^⑽では，商標制度における地域ブランド保護の拡充については，地域団体商標制度の要件改正の事項のみであり，証明商標制度についてはふれられていない。また，地域団体商標として保護すべき商標の構成について，農林水産物・食品の「地理的表示」の保護の在り方に関する議論の進捗も見据え，関係省庁とも議論しつつ，引き続き検討を行っていくとしている。既に述べたように，この時期，特許庁は農林水産省と，地理的表示保護制度を地域団体商標制度の上乗せ制度とするよう調整を行っており，これが報告書の内容にも反映されたのではないかと考えられる。

（2）内閣法制局の指摘と検討の行き詰まり

地域団体商標制度の上乗せを行う特例法という制度案に対して，内閣法制局からは，数多くの法制的な問題点が指摘された^㉛。具体的には，商標制度の上に特別（sui generis）な制度を乗せることは木に竹を接ぐような形になっているとの指摘とともに，商標法の特例法として別法を制定する整理が困難であること，農林水産物等の名称のみを特例の対象とする理由がないこと，「地域名」＋「産品名」でない名称の産品でも規制の必要性があるのに対象を限定することの整理等の問題点の指摘であった。「地域名」＋「産品名」からなる名称に限って，一定の識別性を要件に権利を設定して保護を行う地域団体商標をベースに，地域由来の品質等の特性があることを根拠に保護を行うという保護の考え方が異なる地理的表示保護制度を上乗せすることについて，法制度的な問題点が指摘されたと言えよう。

このような制度設計に関する本質的な指摘に対し，農林水産省は内閣法制局を納得させることのできる説明ができず，制度検討は行き詰まった。結果として，2013年1月開会の通常国会に地理的表示を保護する新しい法制度は提出されなかった。検討が中断されているうちに，同年3月にEUとのEPA協定に関する交渉が正式に開始され，EUの主張にも配慮した政策案の検討が強く求められるようになっていた。

　この検討の行き詰まりに関し，2013 年 5 月の日本農業新聞[32]では，「法制局や特許庁などが農水省案に異論を唱え，今年 1 月に予定していた法案の国会提出は流れてしまった。今の時点で「次のステップに向けた見通しは立っていない」（農水省新事業創出課）状態だ。政府関係者によると，特許庁所管の地域団体商標制度との兼ね合いなどが問題視された。官庁間の縄張り争いと見る人もいる。」と説明している。この記事では，国内で調整に手間取っている間にEU との経済連携交渉と TPP 交渉参加に向けた動きが本格化し，EU と米国の板挟みになって更に身動きがとれなくなったという政府関係者の解説も記載している。

（3）EU 型の保護制度としての検討の仕切り直しと調整

1）日 EU・EPA 協定交渉における地理的表示保護に関する EU の主張

　日 EU・EPA 協定締結に向けた交渉については，2011 年 5 月に交渉のためのプロセスを開始することが合意され，2013 年 3 月に交渉が正式に開始された。これに先立ち，EU は 2012 年 11 月に EPA に関する対日交渉方針を決定しているが[33]，この中で，地理的表示については，EU の地理的表示を追加的保護の水準で協定発効と同時に保護し，先使用，一般名称，翻訳の問題にも対処することを定めている。この方針に基づき，EU 側は，交渉開始に当たって，EU の地理的表示を保護し得る制度の創設を求めた。EPA 交渉の中で，EU として最も重視しているものの一つが地理的表示の保護であり，これが実現しない場合，加盟国が交渉の成果に納得しない可能性があるとし，法制化を含めて一般食品の地理的表示保護の水準をワイン並みに引き上げることを強く要求したのである[34]。地理的表示の保護の重視については，2013 年 6 月の日仏首脳会議でも確認された[35]。

　EU は，2 国間交渉における地理的表示保護に関する基本的立場として，①高い保護水準での協定を通じた直接的な保護，②効果的な行政的保護措置，③先行商標との併存の確保等をあげている[36]。日 EU・EPA 交渉の経過について

詳細な内容は明らかになっていない部分が多いが，このようなEUの基本的立場から見て，EUは，日本とのEPA交渉においても，行政的保護の措置を含む，商標制度とは異なる保護制度を創設し，それによりEUの地理的表示を高い水準で保護することを求め，これを協定締結の不可欠な要素としていたものと考えられる[37]。なお，EUが，商標制度以上に地理的表示を手厚く保護する制度を追求していたことは，2016年に欧州委員会がまとめた日EU・EPA協定の影響評価で，商標制度による地理的表示保護では不十分とした上で，日本の新しい地理的表示保護法の創設により，日EUが共通のアプローチでの商標制度の一部でない特別の地理的表示保護に合意する見込みが高まったとしている[38]ことからも推察し得る。

2）EU型の保護制度の検討と特許庁との調整

　それまで農林水産省が検討してきた地域団体商標制度の上乗せ案は，既に述べたように，日本国内での周知性が必要とされ，EUの地理的表示保護の観点からは，我が国において周知性がない多くのEUの地理的表示が保護できないという重大な問題点があった。この周知性の要件については，地域団体商標創設時の商標制度小委員会での議論を踏まえれば，商標保護の要件として不要とすることは困難な内容であったと思われる。また，別途特許庁が検討した経緯のある証明商標制度では，EUが求める追加的保護への対応が困難という問題点があった。1）で述べたEU側から地理的表示保護の強い要求に対応するため，何らかの打開策が求められていた。ただし，日EU・EPA協定のために，EU型の地理的表示保護制度を創設することが絶対に必要とまではいえなかった。というのは，韓国がEUとのFTA協定を締結した際に行ったように，協定で合意されたEUの地理的表示の保護を担保する特別の仕組みを設けることで，協定の直接適用的に対応する道はあり得たのである[39]。

　一方で，国内の農業振興施策の面から見ると，2013年5月に安倍内閣総理大臣を本部長とする「農林水産業・地域の活力創造本部」が設置され，農業・農村全体の所得を倍増することが目標として打ち出されたことから，所得倍増

に向けた具体的農業振興施策の必要性は高まっていた。また，この一環として，農林水産物・食品の輸出拡大に向けた具体的施策も求められていた。国会においても，2013年6月の衆議院農林水産委員会で「我が国の農林水産物・食品の輸出拡大に関する件」が全会一致で決議され[40]，その一項目として「日本産農林水産物・食品の地理的表示の保護制度を確立すること」が項目としてあげられており，我が国の地理的表示を保護する制度の創設が求められる状況にあった。なお，この決議が全会一致であることからもわかるとおり，与野党とも付加価値向上・輸出拡大に資する地理的表示保護制度の創設には賛成していたが，保護の具体的な仕組みについて特段の意見は出されていなかった。

　このような中で，農林水産省では，2013年6月に，制度検討を担当する新事業創出課長が坂勝浩課長に交代したが，これを機に，品質保証を組み込んだEU類似の制度を再検討することとなった。新課長は，直前に在米国大使館勤務を経験しており，地理的表示保護に関する米国の具体的な懸念を知る立場にあった。この経験を踏まえ，EU類似の保護制度を導入しても，米国の懸念には一定程度対応できると判断し，EUとの交渉及びTPP交渉が継続しているこの時点が，新制度を創設する非常に良いタイミングと考えたと述べている[41]。また，翌月には，食料産業局長として山下正行局長が着任し，新たな体制で検討が進められることとなった。検討された制度案は，我が国の地理的表示の保護を通じた農業振興を図るとともに，EUの地理的表示保護にも対応できる仕組みであった。制度案の具体的内容は，地域に由来する品質等の特徴を有する産品の名称を国が審査した上で登録し，登録産品の品質等に関する基準遵守の確認を必要とするとともに，基準を満たしていない産品には地理的表示の使用を禁止し，行政による改善命令・罰則によって担保することを内容とするものである。また，この時点での登録産品の基準遵守の確認は，個別確認機関（第3者機関）が行うこととしており，この点もEUの制度と共通するものであった。なお，この案は，新課長就任後新たに検討されたものではなく，地域団体商標制度の上乗せ案が検討される中でも，EUの制度の学習を通じ，担当者により継続的に検討されてきたものであった。

EU 類似の制度案をまとめた農林水産省は，特許庁との協議を再開したが，調整は難航した。特許庁とは，一旦，地域団体商標制度の上乗せ制度として，商標制度の枠内で制度を創設し，両省の共管とすることで合意していたからである。EU 類似の規制法による地理的表示の保護を農林水産省が行う場合，これまで特許庁が地域団体商標制度で対応していた地域ブランド保護の分野が浸食されるとともに，商標と同じく名称を保護する別制度の創設によって，商標との調整（例えば，地理的表示として保護された名称を商標として保護しない）の必要性が生じることとなる。

継続的な協議が行われ，EU との EPA 交渉が具体化する中で EU 側の主張に対応するためには，商標とは異なる制度が必要であるとの認識が共有されていった。これとととともに，担当者レベルでの協議により，地理的表示保護制度は品質面を審査・担保する仕組みであり，地域団体商標とは役割に差があること，状況に応じて利用者により両制度が選択され，両制度相まってブランド振興を図っていくことなどの理解が得られていき，品質面を重視した商標とは別の制度を創設することで両省の合意がされた。その際，新制度は権利法として構成せず，特許庁の主張を踏まえて，登録された地理的表示と同一・類似の商標を登録拒絶する農林水産省の当初の案を変更し，この場合でも商標の登録不可事由とならないとするなど[42]，商標制度との大きな調整を必要としない制度とすることが合意された。制度創設に関する合意には，EU との交渉が影響したが，このほか，ポイントとなったのは，品質は特許庁で扱う問題ではなく，品質を重視した農業振興施策としての制度は商標とは別の機能を果たすものであることについて，特許庁の特にプロパーの職員に理解が得られたことであった。この「品質は特許庁で扱う問題ではない」という考え方は，地域団体商標創設の経緯でふれたとおり（第3章3（2）及び（4）並びに4（1）を参照），一種の機関哲学とも言える特許庁に一貫してある考え方であり，この考え方が農林水産省案を認めることに影響したと考えられる。

（４）内閣法制局の審査と法律案の提出

　特許庁とのおおむねの内容の調整を了した農林水産省は，内閣法制局への説明を本格化させた。しかし，我が国では，歴史的に地理的表示保護が進展してきたヨーロッパとは状況が異なり，そもそも地理的表示がどのような概念であるか，なぜテロワールを基礎とした保護を行うのかなど基本的な点に関し理解を得ることは困難だった[43]。さらに，知的財産保護を内容としながら，登録をした上で規制形式により保護を行うことや，品質等の基準を満たす地域の生産者が広く登録名称を使用できるという地域集団を対象とした保護の仕組みなど，我が国の従来の知的財産保護制度と大きく異なる制度内容について，内閣法制局の理解を得ることは容易でなかった。また，具体的な保護の対象の特定・範囲や保護の手続についても，詳細な説明が求められた。制度創設を裏付ける立法事実，保護対象の特定，制度の枠組み，既存制度との関係整理など，制度の基本的な枠組みから表現ぶりまで，様々な観点からの長時間にわたる審査が行われた。

　法案の審査は難航し，政府内で定められた法案の提出期限を超えて[44]，審査が継続された。担当者からの詳細な資料に基づく説明が進められる一方，山下局長をはじめとした省幹部から，EU との EPA 交渉関係を進める上での制度の不可欠性に関する働きかけが行われた。審査が進められる中で，品質等の基準遵守を確保する仕組みに関して，行政が指定した第3者機関が行うことについて，第3者機関を一から作り上げることができるのかといった制度の実行可能性の問題点や，行政が強く関与する機関を新設するという行政の効率性の面からの問題点が指摘され，我が国の実情を踏まえ，生産者団体の取組を中心とする内容に改められた[45]。

　審査の終了には，法案の提出期限から1か月以上を要した。提出期限を大幅に遅れた提出について，担当局から積極的な根回しが行われ，2014年4月25日になって，法案の閣議決定が行われた。提出された「特定農林水産物等の名称の保護に関する法律案」の詳細な内容は7で述べるが，その概要は，地域に由来する品質等の特徴を有する産品の名称を国が審査した上で，品質等の基準

とともに登録し，生産者団体が基準遵守の確認を行うことを必要とするとともに，基準を満たしていない産品には地理的表示の使用を禁止し，行政による改善命令・罰則によって担保するという，EU の制度に類似した制度であった。

6．国会での審議内容

　衆議院に提出された法案は，2014 年 5 月 21 日の衆議院農林水産委員会で審議され，同日に全会一致で可決され，22 日の本会議を経て参議院に送付された。参議院では 6 月 17 日の農林水産委員会で審議され，同日全会一致で可決され，18 日の本会議を経て，25 日に平成 26 年法律第 84 号として公布された。委員会の審議では，制度の目的，保護の対象・要件，登録の手続，品質管理措置，不正表示に対する担保措置，地域団体商標との関係，制度の周知や活用等，幅広い議論が行われたが，以下，注目される内容について記すこととする。

　まず，制度の目的については，生産者にとって品質に見合った利益を得られるようにするとともに，消費者にとって品質の高い農林水産物等を容易に選択できるようにするという，法案の目的規定に沿った答弁が行われている。さらに，地域団体商標から 9 年，EU から 20 年以上遅れて，なぜ今この制度を作る必要があるかとの質問に対しては，農林水産業・地域の活力創造プランと輸出倍増戦略についてふれた上で，我が国農林水産業の強みである品質，そしてブランド価値を保護することが，「攻めの農林水産業，そして農業，農村全体の所得の倍増にも寄与していく」と答弁されている[46]。また輸出との関係については，特に品質の高い産品であることが明示されることで「しっかりと輸出に寄与していきたい」との答弁や[47]，衆議院農林水産員会で輸出拡大に関する決議で制度導入が求められた経緯が説明されている[48]。さらに，EU との関係については，「地理的表示をより手厚く保護することが求められており」「日 EU・EPA 交渉を円滑に進める上でも大変重要」と答弁されている[49]。なお，導入に時間がかかった理由については，新しい知的財産を創設するものである

こと，商標制度など既存の法制度との調整を行う必要があることから，政府部内での成案を得ることがなかなかできなかったが，攻めの農林水産業の展開や輸出拡大が求められる中で，関係省庁との調整を精力的に進めたと答弁されている[50]。

　地域団体商標等商標制度との関係については，地域団体商標との相違点として，地域の特性と結びついた一定の品質基準を満たした産品だけが表示を使用可能なこと，表示を使用できるのが特定の団体・構成員に限定されないこと，不正表示の対応を国が行うことが答弁されている[51]。また，特許庁から，商標制度では，品質の管理について，「商品の品質等の審査であるとか検査というのを国が行うこと」はなく，またそういう意味で国の取締りもないが，地理的表示保護制度においては品質等に関する規律があり，特許庁の視点からは，品質等の維持向上という非常に重要な課題について，地理的表示保護制度の規律を果たすことが何より重要な留意点と答弁されている[52]。

　品質管理に関しては，2月くらいまで第3者機関に委ねることを考えていたようだが，なぜ生産者団体に変更したのかとの質問に対し，生産者団体が品質管理を行うことでブランド価値を高めているものが多くあること，また，品質管理について生産者団体が最も知見を有していること，という実態を踏まえて，生産者団体が品質管理を行うこととしたと答弁されている[53]。さらに，委員からの質問の中で，事務局からの説明として，地方では第3者機関が作りにくく，また，生産者団体の方がコストも安いと説明があったと紹介されている[54]。さらに，品質保証の客観性から見て，将来的にEUの方向（公的機関又は第三者機関による確認）に持って行かなくてはならないのではないかとの質問に対し，施行の状況等を踏まえて，必要に応じて検討したいと答弁されている[55]。

7．成立した地理的表示法の内容

（1）制度内容とその背景にある考え方

　成立した特定農林水産物等の名称の保護に関する法律（以下「法」という。）について，農林水産省は，制度の大枠として，①「地理的表示」を生産地や品質等と基準とともに登録，②基準を満たすものに「地理的表示」の使用を認め，GIマークを付す，③不正な地理的表示の使用は行政が取締り，④生産者は登録された団体への加入等により，「地理的表示」を使用可能の4点をあげている[56]。また，効果として，産品の品質について国が「お墨付き」を与え，品質を守るもののみが市場に流通し，GIマークにより他の産品との差別化が図られること等をあげており，行政関与の品質保証により，差別化・付加価値向上を図ることを重点に置いた仕組みとして創設されたことがわかる。

　詳細な内容を見ると，まず，法の目的は，生産業者の利益保護を通じた農林水産業等の発展と，需要者の利益の保護である（法第1条）。地理的表示の定義はTRIPS協定とほぼ同一である（法第2条）。すなわち，特定の場所等を生産地とし，品質，社会的評価その他の確立した特性が生産地に主として帰せられる農林水産物等を「特定農林水産物等」と定義し，特定農産物等の名称であって，その生産地及び特性を特定できる名称の表示を「地理的表示」と定義している。なお，制度の対象となる農林水産物等の範囲は，食用の農林水産物及びそれ以外の飲食料品と，政令で定める食用以外の農林水産物・その加工品である。

　この地理的表示を農林水産大臣への登録（法第6条）により保護するが，普通名称など名称によって産地等を特定できない名称や，先行商標と同一・類似の名称は登録できない（法第13条第1項第4号）。ただし，先行商標の商標権者が申請する場合や商標権者が承諾している場合等は，登録が可能である（同条第2項）。登録申請があった場合，その内容が公示され，登録に意見がある場合，農林水産大臣に意見書が提出できる（法第9条）。申請後，学識経験

者からの意見聴取手続を経て（法第11条），登録要件を満たすと判断されれば，登録が行われる（法第12条）。

　保護内容としては，特定農林水産物等以外の産品への地理的表示及びこれに類似する表示を付することが禁止される（法第3条）。「類似する表示」には，①真正の生産地の表示を伴う場合，②「種類」，「型」等の表示を伴う場合，③翻訳が含まれる（法施行規則第2条）。追加的保護の水準の保護を措置していることになるが，禁止対象の行為が表示を付すことに限定されており，内容が限定的である(57)。登録の日前に出願された商標を使用する場合や，登録の日前から継続的に使用していた名称を使用する場合（先使用）は，規制の対象外となる。なお，登録名称を使用する際は，特別のマーク（GIマーク）の使用が義務づけられる（法第4条。後述するが，法改正により，現在は使用が任意化されている。）。

　登録に際して，生産者団体が，特定農林水産物等の生産地，品質等の特性，生産の方法等を定めた「明細書」と，その確認の方法を定めた「生産行程管理業務規程」を定め，生産者団体がこの規程に基づき管理を行う（法第2条第6項，第7条等）。生産地，品質等の特性，生産の方法等は登録簿に記載され，公示される（法第12条）。また，生産者団体の管理状況について，国が報告徴求，是正命令，登録の取消等により適正な実施を担保している（法第21条，第22条等）。この品質の確保方策については，生産者団体が基準遵守の確認を行う点で，第3者機関等が基準遵守の確認を行うEUの仕組みと異なるが，公的な関与を行いつつ，産品の品質保証を行う仕組みを制度に組み込んでいる点で共通している。なお，不正な表示に対しては，是正命令，命令違反に対する罰則により，行政主導の担保措置をとっている（法第5条等）。なお，生産行程管理を行う生産者団体は，複数でもよく，また，追加することも可能である（法第15条）。これによって，基準を満たす産品を生産する地域の生産者であれば，ある特定の団体に所属しなくても，例えば，団体を新設することによって，地理的表示が使用可能となる(58)。

　このように，我が国の制度は，①原産地に帰せられる特性を有する地理的表

示保護のための特別の保護制度であること，②原産地の誤認を要件としない追加的保護の水準での保護を与えていること，③公的な関与を行いつつ品質管理を行う仕組みを制度に組み込んでいること，④不正表示に対する行政による担保措置，という点で，EUの制度に類似した制度となっている。

　法の規定内容や国会での質疑から明らかなとおり，成立した制度は，生産地域とつながりのある特性を有する産品について，行政関与の品質保証を行うことにより付加価値向上を目的とする仕組みである。これを第2章で整理した，テロワールの考え方，行政関与の品質保証・情報提供，の二つの要素から整理すれば，EUの地理的表示保護制度と同じ第2象限に位置付けられる政策ということになる（第5−3表）。行政関与の品質保証を通じた付加価値向上というEUの制度のアイディアを十分に取り込んで，我が国の制度は創設された。特許庁も，国会答弁で明らかにされているように，商標制度では品質に踏み込まないので，品質を重視した新しい保護制度は，商標制度とは異なる考え方・機能の制度であると整理したものと考えられる。

（2）EUの制度との差異と差異が生じた理由

　上記のとおり，我が国で創設された地理的表示保護制度は，テロワールの考え方，行政関与の品質保証という点で，EUの制度と類似している。しかし，

第5−3表　特定農林水産物等の名称の保護に関する法律の位置付け

	自然環境，独自のノウハウなど特徴ある地域環境が特別の特性を生み出すことを前提に保護を行う	地域環境が生み出す特別の特性を前提にしない
行政が関与して基準適合を保証し，情報を伝えることで，価値の向上を図る	EUの地理的表示保護制度 **特定農林水産物等の名称の保護に関する法律**	
取組内容は事業者に任され，専ら事業者の取組により高付加価値化が図られる		米国の商標制度による保護 地域団体商標制度

資料：筆者作成.

注：日常的な品質管理を生産行程管理業務として義務づけ，行政がその内容の審査・監督を行っていることを重視した.

詳細にみると，この２点についても，EU の制度との差異がある。まず，テロワールの関係では，生産地とのつながりの強い EU の PDO に該当するものがなく，また，運用上の違いであるが，我が国で登録された地理的表示は主に社会的評価に基づく登録が多いこと[59]などの点で，生産地とのつながりの要素として EU の制度よりも弱い面がある[60]。また，行政関与の品質保証という点では，生産者団体による基準確認を国がチェックする形としており，公的機関又は第３者機関が基準適合を確認する EU の制度よりも要素として弱い面がある。このほか，保護内容として，規制対象が「表示を付する行為」に限られること，先使用を幅広く認めていること，地理的表示よりも商標を優先的に扱っていることなどの効力面の差もある。その他の事項も含めて，EU の制度との主な差異は，第５－４表のとおりである。以下では，これらの差異のうち，特に差が大きな品質等の基準適合の確認方法と商標との関係について分析する。

１）品質等の基準適合の確認方法

EU の制度及び我が国の制度とも，行政が関与して産品の品質等の基準適合を保証し，基準に適合したものであることを消費者に伝える点で共通しているが，その方法には違いがある。EU の制度では，基準適合の確認を行うのは，

第５－４表　EU の保護制度と我が国の保護制度の差異

	EU の保護制度	我が国の保護制度
保護対象	TRIPS 協定の定義に相当する PGI のほか，これより生産地とのつながりの強い PDO が存在	TRIPS 協定の定義に相当するもののみ
保護水準	追加的保護の内容を超える部分あり（想起させる場合，類似産品以外への使用でも評判の不当な利用になる場合）	追加的保護の水準（規制対象は産品等に表示を付する行為のみ）→法改正により，広告等での使用や誤認させる表示の使用にも規制対象を拡大
先使用	特定の場合に限り，原則５年以内で認めることができる	先使用が認められる期限の定めなし→法改正により原則７年に制限
保護後の一般名称化	保護後は一般名称化しない	特段の規定なし
基準適合の確認	公的機関又は公的機関から権限を与えられた第３者機関が確認	生産者団体が確認し，国がその内容を事後的に確認
特別のマーク	使用を義務づけ	使用を義務づけ→法改正により任意化
商標との関係	先行商標がある場合も，誤認がなければ，地理的表示として登録可能。保護された地理的表示と同一・類似の商標は登録不可。	先行商標がある場合は，原則として地理的表示として登録不可。保護された地理的表示と同一・類似の商標であっても商標の登録可能。

資料：筆者作成．
注：法改正は，2018 年の法改正を指す（2019 年２月施行）．

管理当局（公的機関）又は管理当局から権限を与えられた第3者機関である。生産者団体等による自主的な品質管理は想定されているもの，制度上位置付けられてはいない。一方，我が国の制度においては，生産者団体が，登録時に，生産行程管理業務（基準に適合した生産が行われるようにするための業務等）について定めた生産行程管理業務規程の的確性について審査を受け，当該業務の実績を毎年報告するとともに（法第13条第1項第2号，法施行規則第15条等），基準に適合しない産品に地理的表示が使用されたとき，生産行程管理業務が的確性を欠いたときなどは，大臣による命令，登録の取消等が行われることになっている（法第21条，第22条等）。このように，生産者団体が品質管理の主体となっている点で，公的機関・第3者機関が管理の主体となっているEUの制度の方が，品質保証の信頼度では高いと考えられる[61]。

　品質保証による付加価値向上を制度導入の主目的としていた農林水産省は，既述したとおり，第3者機関が基準確認を行う方法を検討し，条文化の作業を行っていた。しかし，法案の内閣法制局審査の過程で，実行可能性や行政の効率性が考慮され，我が国では生産者団体が品質管理を行うことでブランド価値を高めている場合が多いという実態を踏まえ，生産者団体が品質管理を行うことに変更された。成立した我が国の地理的表示保護制度は，EUの政策の影響を強く受けているが，その政策を移転する際に，内閣法制局の指摘とともに，生産者の多くが農業協同組合等の生産者団体に組織化され，生産者団体が生産，販売に大きな役割を果たしてきている我が国の実態が影響を及ぼしたものと考えられる。

　なお，この方式は，消費者の信頼という点ではEUの制度に及ばないものと考えられるが，政府の予算・人員面の資源が限定される中で，知見を有する民間の力を活用することで，効率的な施策の実行を図ったと評価することも可能である。

2）商標との関係

　二つ目の EU の制度と我が国の制度との大きな差異として，商標との関係があげられる。EU の制度においては，先行する商標と同一の地理的表示であっても，その地理的表示が商標の示す産品との誤認を招かなければ，地理的表示の登録が可能である。一方，登録された地理的表示の保護内容に抵触する商標が，地理的表示より後に出願された場合は，商標の出願は却下される。このように，EU では地理的表示を優先する扱いとなっている[62]。この背景として，EU では地域環境が特性を生み出すとの考え方の下，本来の産地で生産される産品にその名称の使用を認めるべきとの考え方があるものと思われる。これに対して，我が国の制度においては，先行する商標と同一の地理的表示は，商標権者の承諾があった場合等を除き，登録ができない（法第 13 条）。一方，登録された地理的表示と同一の商標が，地理的表示より後に出願された場合であっても，商標登録の拒絶事由とはならない[63]。このように，我が国では，商標と地理的表示の関係について，EU とは全く異なる扱いとなった[64]。

　農林水産省は，当初，EU の制度と同様に，地理的表示が先に出願されている場合，商標の登録不可事由とすることを検討していた。この場合，商標法を改正し，登録不可事由を追加するなどの法律上の手当をする必要があった。これに対し，特許庁は，これまでの登録不可事由以外の事由は認められないと主張し，特段の調整規定を設けないことに変更された[65]。この場合，先行する地理的表示と同一の商標が登録されても，法の規制は及ぶので，登録された地理的表示の基準に適合する産品にしかその商標は使用できず，また，商標権の効力が及ばない範囲に，適正に地理的表示を使用する場合を追加することで，商標権者の許諾なく地理的表示が使用できることから，問題は生じないと整理されたのである。実態上も，地理的表示と同一の商標は産地名を表すものであることから，先行する地理的表示と同一の商標が登録されるのは，基本的に，地理的表示の登録に係る生産者団体が地域団体商標として登録する場合と考えられるため，問題となるケースは生じることはまれと考えられたものと思われる。

　ただし，次のような問題が生じるケースは考え得る。①その地域の生産者，流通関係者，自治体関係者等の幅広い関係者から構成される協議会が地理的表示の登録申請をした後，その一部の生産者の団体が地域団体商標の登録申請をした場合。この場合，地理的表示の登録について，特性と生産地域の関係，生産方法，管理体制などの実質的審査に時間を要し，地域団体商標が先に登録されたときは，先に登録申請をした地理的表示の登録が不可能となる[66]。② EUなど外国の地理的表示で，日本であまり知られていないものが地理的表示として登録申請された後，他者が商標の登録申請をした場合。この場合，産地名と認識されずに商標登録されることがあり得，真正な地理的表示の登録を阻害することになる[67]。

　いずれにせよ，以上の商標との関係の整理は，商標制度の整合性を重視する特許庁の主張によって，当初農林水産省が検討していた政策内容が変容したものであり，制度整合性を重視する省庁との間の調整において，その整合性を冒す内容は実現が困難な事例の一つと考えられる。

8．制度創設以降の状況変化と制度改正

（1）TPPにおける地理的表示保護条項とその対応のための制度改正

　環太平洋パートナーシップ協定（TPP）については，日本，米国を含む12か国で交渉が進められ，2016年2月に署名された。我が国は2017年1月に協定を締結したが，同月米国が離脱を表明したことから，その後米国を除く11か国で協議が行われ，2018年3月に「環太平洋パートナーシップに関する包括的及び先進的な協定（TPP11協定）」が署名され，同年12月に発効した。本協定からは米国が離脱しているものの，地理的表示保護に関する条項について米国の意向が強く反映されており，また，内容も詳細にわたり，注目すべき内容となっている。

　地理的表示保護に関する規定の主な内容は，①保護方式について，地理的表示は，商標，特別の制度又はその他の法的手段によって保護可能（ただし，保

護水準については規定がない。）（第18.30条），②異議申立手続，取消手続の整備（第18.31条），③先行商標との混同，一般名称は，保護の拒絶・取消の事由であり，翻訳に保護を与える場合も同様（第18.32条），④国際協定による地理的表示保護についても，少なくとも②及び③と同等の異議申立手続を適用（第18.36条），⑤一般名称であるかどうかの判断の指針を定めること（第18.33条），複合名称の中の個々の要素が一般名称であるときは保護の対象外であること（第18.34条），⑥先行商標の権利者は，混同を生じさせるおそれのある地理的表示についても排他的権利を有すること（第18.20条），等となっている。なお，これらの内容は，2016年に署名された協定で定められた内容から変更されていない。

　以上のように，先行商標と同一・類似の名称や一般名称を地理的表示として保護させないこととし，これを異議申立手続で担保するほか，複合名称中の個々の要素の取扱いや一般名称の判断基準の設定まで定めた詳細な規定となっている。規定がない保護水準を除き，既述した米国の立場が大幅に取り入れられている。この内容について米国は，米国事業者に害を与える抜け道を封じる措置として評価しており[68]，今後も，このような地理的表示保護条項を追求していくものと思われる。

　TPP協定で国際協定による保護の手続等が規定されたことに対応して，我が国制度について2016年に法改正が行われ，諸外国と相互に地理的表示を保護する規定が整備された。具体的には，農林水産大臣が，国際約束で相互保護が定められた外国の地理的表示を指定することができ（法第23条），指定に当たっては，登録の場合と同様，意見書の提出手続や学識経験者からの意見聴取手続が講じられる（法第25条，第27条）。また，先行商標がある場合や普通名称である場合は指定ができない（法第29条）。指定された地理的表示産品については，登録された地理的表示産品とみなされるため（法第30条），保護内容は登録産品と同一（追加的保護の水準）となる。この法律改正は，「環太平洋パートナーシップ協定の締結に伴う関係法律の整備に関する法律」の中で行われていることからわかるとおり，TPP協定に対応することを目的とし

たものであるが，次の（2）で述べるように，EUとのEPA協定に基づく
EUの地理的表示保護は，この大臣の指定手続により行われており，EUとの
EPA協定への対応も念頭に置いて措置されたものと考えられる。

　なお，この改正の際，TPP協定で定められていない事項として，輸入業者
が，適法に付された場合を除き，地理的表示が付された輸入産品を譲渡等して
はならないこととされた（この改正による改正後の法第3条第3項及び第4条
第3項[69]）。これは，法の規制対象が，名称を付することとされていたため，
海外で名称を付した産品を輸入し，流通させることを規制することができな
かったことへの対応である。

（2）日EU・EPA協定における地理的表示保護条項とその対応のための制度改正

　日EU・EPA協定は，2017年7月に大枠合意され，同年12月に交渉妥結，
2018年7月署名，2019年2月発効となった。同協定における地理的表示保護
条項の概要は，①双方が，地理的表示を確定する行政手続，異議申立手続等を
備えた保護制度を確立・維持すること（第14.23条），②附属書に掲載される
双方の地理的表示に追加的保護とおおむね同等の高いレベルの保護を与えるこ
と（第14.24条及び14.25条），③行政による適切な保護措置（第14.28条）
等となっている。

　詳細な内容を見ると，まず，保護される地理的表示は，日本側が農産品・食
品48品目，酒類8品目，EU側がそれぞれ71品目，139品目である。なお，
EUの農産品・食品の地理的表示については，法に基づく大臣指定のため必要
な公示及び意見聴取手続を実施した後に，内容が妥結されている。保護水準に
ついては，基本的に追加的保護の水準であるが，翻訳と並んで音訳が明記され
ている。また，明細書の基準を満たさない産品への名称使用が禁止されるの
で，産品への表示だけでなく，広告・インターネット等のサービス的な名称使
用も，禁止の対象となる。さらに，我が国制度では期限の限定なく認められて
いた先使用について，最大7年（酒類については5年）の経過期間が定められ，

期間終了後の使用が禁止される（第 14.29 条）。全ての登録名称について EU 規則（原則 5 年以内）より長く先使用を認めるが，7 年経過後は使用を禁止する点が特徴である。先使用の制限を含めた保護水準の拡充については，EU 側の強い主張があったものと考えられる。

　保護される個別の地理的表示に関し注目される取扱いとして，①複合語の一部が一般名称として保護が及ばないとされたもの（例：カマンベール・ド・ノルマンディーのカマンベールの部分），②複合語を構成する一部の単語について保護しないと確認したもの（例：グラナ・パダーノのグラナ及びパダーノの部分），③パルメザンについて，日本の流通実態からハードチーズの名称としては保護の対象外，④品種としての名称使用は保護の対象外としたもの（例：ヴァレンシア・オレンジ），が合意されている（附属書 14 － B）。このように，一般名称や，複合名称に含まれる個別の名称等について，輸入産品を含めた実態を踏まえ，我が国と EU との妥協が行われている。パルメザン等の名称の使用を可能としたこの扱いについては，米国，オーストラリア等の懸念にも配慮した内容と考えられるが，米国のチーズ業界を中心として構成されている CCFN（一般食品名称に関わるコンソーシアム）は，多くの一般名称の継続的な使用を可能にした決定であり，公正な競争と日本の消費者の利益になるとしており[70]，米国事業者からも一定の評価をされている。

　商標との関係については，保護される地理的表示と同一・類似名称の商標出願があった場合，当該商標の使用が産品の品質を誤認させるおそれがあるときは，登録が拒絶される（第 14.27 条）。さらに，先行商標がある場合であっても，同種の産品に対する地理的表示の保護を完全に排除するものではないことを確認していることが注目される。カナダ等との FTA と同様，商標権の例外としての記述的用語の公正な使用に，地理的原産地を表示するための標識の使用が含まれることも規定されており（第 14.19 条），より EU の立場を反映した内容と考えられる。

　この日 EU・EPA 協定の内容を踏まえた法改正が，2018 年 11 月に成立している。改正内容は，①規制対象となる行為を，「産品や包装等に表示を付す

る行為」から「産品や包装，広告等に表示を使用する行為」に拡大（法第3条第1項），②規制の対象となる表示につき「地理的表示又はこれに類似する表示」に加えて，「地理的表示と誤認させる表示」を追加（同条第2項），③先使用について，同一生産地以外で生産される産品については保護開始から7年間に制限し，同一生産地内で生産される産品については7年経過後も保護が認められるが，混同を防ぐ表示をすることが必要（同項第4号），である。②の地理的表示と誤認させる表示については，国旗や絵図の使用などにより GI 産品であるがごとく原産地や性質を誤認させる表示が該当するとされており[71]，EU 規則での想起（evocation）に近い内容と考えられる。この内容については，省令[72]において，地理的表示には，文字，図形若しくは記号又はこれらの結合により標記されたものであって，特定農林水産物等の名称を表示するものとして需要者の間に広く認識されているものを含むとされた。

　協定では，商標との関係についても，EU の主張に配慮した内容が定められているが，これに関して特段の法改正は行われていない。先行商標の存在は，TPP では地理的表示の保護拒絶事由とされ，日・EU 経済連携協定では保護を完全に排除しないとしていることについては，現行法の原則保護不可だが商標権者の同意があれば保護可能という仕組みで両協定に対応していると考えられる。また，地理的表示が保護されている場合の誤認を与える商標の登録拒絶については，商標法の運用面での対応となるものと考えられる。なお，協定で定められたパルメザンを使用可能とする扱いなどは，法令の解釈運用によって対応されると思われる。

　いずれにせよ，この法改正により，我が国制度は，保護の拡充，先使用の制限等の面でより EU の制度に近い内容のものとなった。一方で，一般名称の扱い等で，米国等の主張にも配慮した対応が行われている。

　なお，この改正では，EPA 協定の内容には含まれていない事項として，GI マークの使用が任意化された（法第4条）。この改正内容の詳細や課題については，第8章で述べる。

9．小括

　2008 年以降，地理的表示を保護する制度の必要性が再認識される中で，農林水産省，特許庁それぞれの学習，及び相互の学習が行われ，双方の立場に関する理解が進むとともに，農林水産省では，農業振興策として品質保証を重視した特別の保護制度を創設するというアイディアが固まっていった。

　具体的な制度化の検討に当たって，特許庁は，地域団体商標制度が地域ブランド保護に果たしてきた実績を踏まえ，地理的表示保護制度を，商標制度の体系に取り込み，自らの所掌領域を維持することを企図した。しかし，この内容は，法制上の問題を含むとともに，EU との関係では，必ずしも十分なものではなかった。EU との EPA 交渉が具体化する中で交渉を円滑に進める上での必要性や農業・農村の所得倍増に向けた具体策の必要性が高まる中で，再度，両省の交渉・調整が行われ，農林水産省内で従来から継続的に検討されてきた品質保障を重視した独自の保護制度に関する政策案が，このような状況に対応できる案として浮上し，新たな制度を創設することで両省庁間の合意がされた。その後の内閣法制局での幅広い審査の結果，品質保証の仕組みについては内容が変更された。

　成立した地理的表示保護制度の内容は，EU の保護制度の影響を強く受けており，EU の政策が移転されたものと考えられるが，商標制度との関係に関する特許庁の主張や実態を踏まえた内閣法制局の指摘などによって，一部内容が変容したものとなった。

注(1)　2008 年 9 月 19 日閣議決定。
　(2)　首相官邸（2009）「第 3 期知的財産戦略の基本方針」（2009 年 4 月 6 日知的財産戦略本部決定）。なお，その後の「知的財産推進計画 2009」でも同内容が記載されている。https://www.kantei.go.jp/jp/singi/titeki2/kettei/090507siryou.pdf（2019 年 10 月 18 日参照）.
　(3)　2012 年 7 月 31 日閣議決定。
　(4)　EU の主張は 5（3）で詳説する。

(5) 一般向けのセミナーとしては，2011年3月2日に，FOODEX Japanの会場で，日欧産業協力センター主催のセミナーが開かれており，欧州委員会担当者のEUの制度に関する説明のほか，比較的保護の歴史の浅いポーランドの取組状況などが説明されている（当日のセミナーでの配布資料による）。

(6) 農林水産省（2007）「農林水産省知的財産戦略」（2007年3月22日農林水産省知的財産戦略本部決定），http://www.maff.go.jp/j/study/katiku_iden/06/pdf/ref_data3.pdf（2019年10月18日参照）．

(7) ただし，地理的表示保護制度の創設検討を中心的に行った総括・法令担当の職員に，農林水産省において知的財産に関し業務上の経験があった者を特に配置した事実は認められなかった。

(8) 研究は，2010年度「我が国への地理的表示制度の導入に向けた課題に関する研究」及び2011年度「諸外国における地理的表示の運用実態等に係る分析」として行われた。報告書は，農林水産政策研究所（2012）。なお，この研究は，行政対応特別研究として行われたが，この研究は，政策の企画立案，国際交渉等に必要なものとして行政部局から提案された課題に対する調査，研究を行うものであり（農林水産政策研究所政策研究基本方針（平成19年12月20日19政策研452号）Ⅱ2（1）），予算要求や法律等の制度改正等に必要な政策研究を想定している。

(9) 「地理的表示の保護制度について」（2012年3月26日第1回地理的表示保護制度研究会資料）p8，p12，「研究会における委員指摘事項に対する説明事項」（2012年5月31日第3回地理的表示保護制度研究会資料）pp.3-7等。農林水産省（2012）「地理的表示保護制度研究会」，http://www.maff.go.jp/j/shokusan/tizai/other/gikenkyu.html（2019年10月18日参照）．

(10) 地域団体商標出願人に対するアンケート調査の結果，回答者の36.6％が，品質管理に対するブランドイメージが増す等の理由から，地理的表示を保護する証明商標制度の導入が「必要」と回答していることを示している。

(11) 当時の農林水産省担当者に対して，筆者が2019年5月17日に行ったインタビューによれば，農林水産分野の知的財産に関する両省が協力体制の整備や，農商工連携の取組支援によって，両省の関係強化がされていたことが，地理的表示保護制度創設に関する両省の協議に好影響を与えたとしている。

(12) 農林水産省（2011）「「我が国の食と農林漁業の再生のための基本方針・行動計画」に関する取組方針」（2011年12月24日農林水産省決定，http://www.maff.go.jp/j/kanbo/saisei/pdf/111224-03.pdf（2019年10月18日参照）．

(13) 食料産業局の創設に伴い，生産局知的財産課の業務は，食料産業局に移管され，課の名称は新事業創出課となった。なお，課の名称は，2015年10月に再度，知的財産課に変更されている。

(14) 特許庁及び知的財産戦略推進本部事務局からの推薦に基づき，人選が行われた。

(15) 農林水産省（2012）「地理的表示の保護制度について」（2012年3月26日第1回地理的

表示保護制度研究会資料）p 1，http://www.maff.go.jp/j/shokusan/tizai/other/pdf/siryo3. pdf（2019 年 10 月 18 日参照）．

⒃　農林水産省（2012）「第 1 回地理的表示保護制度研究会議事概要」，http://www.maff. go.jp/j/shokusan/tizai/other/pdf/gaiyo.pdf（2019 年 10 月 18 日参照）．

⒄　この意見は，地域団体商標を前提に，その中から，農林水産政策上の観点から保護すべきものを選んで推奨して，ブランド価値を高めるという制度を想定していたものと考えられる．

⒅　カマンベール，ゴーダ，チェダーなどのチーズの名称が例示されている（農林水産省（2012）「地理的表示保護制度研究会（第 3 回）議事概要」p 2），http://www.maff.go.jp/j/ shokusan/tizai/other/pdf/3 giji_gaiyo.pdf（2019 年 10 月 18 日参照）．

⒆　農林水産省（2012）「地理的表示保護制度研究会（第 3 回）議事概要」p4，「地理的表示保護制度研究会（第 4 回）議事概要」p 2，「地理的表示保護制度研究会（第 5 回）議事概要」p5，http://www.maff.go.jp/j/shokusan/tizai/other/gikenkyu.html（2019 年 10 月 18 日参照）．

⒇　第 5 回研究会では報告書骨子案の内容が議論されたが，最終的な取りまとめには至っていない．同研究会で配付された日程案では，8 月下旬に第 6 回研究会を開催して報告書の取りまとめを行う予定となっており（農林水産省「地理的表示保護制度研究会の日程について」），農林水産省としては，関係者の調整を了した後，取りまとめを行う予定であったと考えられるが，これ以降，研究会は開催されなかった．http://www.maff.go.jp/j/ shokusan/tizai/other/pdf/5siryo4.pdf（2019 年 10 月 18 日参照）．

(21)　制度の導入により，生産・製造地域と密接に関連する特徴に関する情報が明確になり，農林水産物・食品を選択する際の判断が容易になるとした．一方で，地域団体商標制度等が存在する中で，新たな表示制度の導入により，消費者が商品を選択する際に商品の出所に混同を生じる可能性があることも指摘している．

(22)　農林水産省（2012）「郡司農林水産大臣記者会見概要（平成 24 年 8 月 7 日）」，http:// warp.ndl.go.jp/info:ndljp/pid/3531896/www.maff.go.jp/mobile/press-conf/ min/2012/1208/120807/120807_gaiyo01.html（国立国会図書館インターネット資料収集事業（WARP），2019 年 19 月 18 日参照）．

(23)　注⑾の農林水産省担当者へのインタビューによる．以下，（1）及び（2）の農林水産省の対応等に関する記述は，このインタビュー内容を踏まえたものである．

(24)　研究者の中にも，地域団体商標制度により地理的表示保護が一定程度図られていることを前提に，地域団体商標制度の拡充による地理的表示の保護を主張する意見があった（江端，2011：14；田中，2014：20）．

(25)　P・ピアソンは，正のフィードバックに伴う経路依存としての政治過程を説明している．ある事象の収穫逓増の効果により，自己強化機能が働き，当初は採用し得た選択肢を採用することが困難となり，一定方向以外へ進むことが難しくなるという経路依存が生じ，公共政策を含む制度は，正のフィードバックが生じやすく，一旦形成された制度は変更され

にくいと指摘している（ピアソン，2010）。

(26) この制度案では，EUの地理的表示の多くが保護されなくなることを農林水産省も認識していたと思われるが，まずは我が国での地理的表示保護制度を創設することを優先したものと考えられる。

(27) 例えば，販売戦略の違いなどから，地域団体商標の権利者である農業協同組合に加入していない生産者の場合，地理的表示が使用できないことになる。

(28) 首相官邸（2012）「知的財産推進計画2012」（2012年5月29日知的財産戦略本部決定），https://www.kantei.go.jp/jp/singi/titeki2/kettei/chizaikeikaku2012.pdf（2019年10月18日参照）。

(29) なお，証明商標による地域ブランドの保護については，地域団体商標創設の際も，商標制度小委員会の議論で案の一つとして取り上げられているが，我が国になじまないとの意見があり，創設すべきとの方向にはなっていなかった（特許庁（2004）「第9回商標制度小委員会議事録」（2004年10月5日開催），https://www.jpo.go.jp/resources/shingikai/sangyo-kouzou/shousai/shohyo_shoi/seisakubukai-09-gijiroku.html（2019年10月18日参照）。

(30) 特許庁（2012）「商標制度の在り方について（案）」（2012年11月12日第30回商標制度小委員提出資料），https://www.jpo.go.jp/resources/shingikai/sangyo-kouzou/shousai/shohyo_shoi/document/seisakubukai-30-shiryou/shiryou1.pdf（2019年10月18日　参照）。

(31) 注(11)の農林水産省担当者へのインタビューによる。

(32) 『日本農業新聞』2013年5月4日付，1。

(33) Council of European Union. (2012). Directives for the negotiation of a Free Trade Agreement with Japan, https://www.consilium.europa.eu/media/23934/st15864-ad01re02dc01en12.pdf（2019年10月18日参照）。

(34) 2013年4月のEU代表部ニコラオス・ザイミス通商部長のインタビュー（『日本農業新聞』2013年5月4日付け，1）。また，2014年の交渉継続を決定するためのレビューを前に，EU農業委員と我が国農林水産大臣の会談において，EU側からの，EUにとってGIは非常に重要な課題との発言に対し，林農林水産大臣は，EUの制度も参考にしながらよい国内制度を作っていきたいと対応している（2014年1月18日の林農林水産大臣とチオロシュ農業委員との会談内容（『日本農業新聞』2014年1月20日付，1））。

(35) 『日本農業新聞』2013年6月8日付，3面。

(36) 第2章注(10)参照。

(37) 8．（2）で詳述するが，2018年7月に署名された日EU経済連携協定では，①双方が，地理的表示を確定する行政手続，異議申立手続等を備えた保護制度を確立・維持すること，②附属書に掲載される双方の地理的表示（日本側56品目，EU側210品目）に追加的保護とおおむね同等の高いレベルの保護を与えること，③行政が適切な保護措置をとること，等を内容とする詳細な規定が定められている。

(38) European Commission. (2016). Trade Sustainability Impact Assessment of the Free Trade Agreement between the European Union and Japan., https://trade.ec.europa.eu/doclib/docs/2016/may/tradoc_154522.pdf（2019 年 10 月 18 日参照）．地理的表示については，pp.80-81 に記述されている。

(39) 韓国は，EU との FTA 協定に対応するため，不正競争防止及び営業秘密に関する法律を改正し，FTA 協定によって保護する地理的表示に関し，原産地を誤認させる表示に加え，①真の原産地表示を伴う場合，②翻訳又は音訳，③「種類」，「型」，「様式」等の表示を伴う場合の名称使用を禁止した。これにより，FTA 協定で保護が合意された EU の地理的表示が，自動的に韓国国内で追加的保護の水準で保護されることになった。この韓国の対応を参考に，国内の研究者にも，EU との経済連携交渉を進めるために，EU にならった特別の保護制度は必須でないとする意見があった（田中，2014：278-279）。

(40) 2013 年 6 月 20 日衆議院農林水産委員会決議（第 183 回衆議院農林水産委員会議録第 11 号）。

(41) 新事業創出課長であった坂勝浩氏に対し，筆者が 2019 年 8 月 9 日に行ったインタビューによる。なお，これ以降 5 で記載する農林水産省の対応については，このインタビュー内容による。

(42) 後述するように，EU の制度では，登録された地理的表示と同一・類似の商標は，原則として登録拒絶される。

(43) 法制局指摘の内容については，注(41)の坂元課長へのインタビューによる。

(44) 予算関連法案以外の法律案は，内閣官房長官通知（昭和 36 年 7 月 14 日内閣閣甲第 43 号属）により，予算の国会提出から 4 週間以内に提出することとされており，2014 年は 3 月 14 日までに閣議決定することが必要であった。国立公文書館「予算の年内閣議決定と国会の常会における予算及び法律案の早期提出について」，https://www.digital.archives.go.jp/das/image-j/M2006031513551507232（2019 年 10 月 18 日参照）。

(45) 研究会報告書骨子案において，品質管理措置については「生産者自らが品質管理を行うことを基本としつつ，より消費者の信頼を高めるために，国又は国が認証した第三者機関が生産者における品質管理の状況を確認するなど」とされており，農林水産省内にも生産者による品質管理を中心とする考え方はあった。

(46) 2014 年 5 月 21 日衆議院農林水産委員会における後藤斎委員に対する小里泰弘農林水産大臣政務官答弁（第 186 回国会衆議院農林水産委員会議録第 15 号）。

(47) 2014 年 5 月 21 日衆議院農林水産委員会における稲津久委員に対する林芳正農林水産大臣答弁（第 186 回国会衆議院農林水産委員会議録第 15 号）。

(48) 2014 年 6 月 17 日参議院農林水産委員会における徳永エリ委員に対する山下正行食料産業局長答弁（第 186 回国会参議院農林水産委員会議録第 17 号）。

(49) 2014 年 5 月 21 日衆議院農林水産委員会における岩永裕貴委員に対する山下正行食料産業局長及び林農林水産大臣答弁（第 186 回国会衆議院農林水産委員会議録第 15 号）。

(50) 2014 年 6 月 17 日参議院農林水産委員会における徳永エリ委員に対する山下正行食料産

業局長答弁（第186回国会参議院農林水産会議録第17号）。

(51) 2014年6月17日参議院農林水産委員会における山田修路委員に対する山下正行食料産業局長答弁（第186回国会参議院農林水産会議録第17号）など。

(52) 2014年6月17日参議院農林水産委員会における紙智子委員に対する羽藤秀雄特許庁長官答弁（第186回国会参議院農林水産会議録第17号）。

(53) 2014年5月25日衆議院農林水産委員会における岩永裕貴委員に対する山下正行食料産業局長答弁（第186回国会衆議院農林水産委員会議録第15号）など。

(54) 2014年5月25日衆議院農林水産委員会における畑浩治委員質問（第186回国会衆議院農林水産委員会議録第15号）。

(55) 2014年6月17日参議院農林水産委員会における紙智子委員に対する山下正行食料産業局長答弁（第186回国会参議院農林水産会議録第17号）。

(56) 法制定時の農林水産省説明資料（内藤，2015a：14）。

(57) 例えば，生産業者が違法に付した表示を付けたまま販売しても，「付する」ことにならず，規制の対象とならないとの問題があり，特に，海外で表示が付された場合，取り締まる方法がなかった。これに関しては，2016年の法改正で輸入業者への規制が追加され（同改正による改正後の法第3条第3項等），さらに2018年の法改正で規制対象が「表示を使用する行為」に拡大されたことによって，保護が強化された。

(58) 生産者団体への加入が必要なことについて，EUと異なり，地理的表示を「地域の共有財産」として使用できるとは言いがたいとの批判があるが（田中，2014：507），我が国制度では品質管理を行う主体を生産者団体としたことから，この点と，地域生産者が広く地理的表示を使用できることを両立させる方法として，複数の生産行程管理団体を認める方式がとられたと考えられる。

(59) 黒毛和種の牛肉の地理的表示が複数登録されているが，血統の平準化や飼養技術の平準化から，生産方法や肉質で他産地と異なる特性を説明することが難しく，専ら社会的評価を根拠とした登録になっている。審査基準においても，特に，牛肉の社会的評価についての基準を設けて，地理的表示登録が可能なことを明確にしている（黒毛和種の牛肉の社会的評価についての基準（特定農林水産物等審査要領（平成31年1月31日食産304245号食料産業局長通知）別添4別紙1）。

(60) ただし，EUの制度のPDO及びPGIをあわせて考えれば，法制度上の保護対象範囲としては同内容と考えられる。

(61) 第2章でふれたように，ヨーロッパでは，事業者自身が行う品質保証が，保証の客観性の確保，ただ乗りの防止ができなかったことから失敗し，権限ある機関が検証を行う認証制度の導入により信頼が回復したとの指摘がある（新山，2004：145）。

(62) これについて，高倉成男は，商標との間の「異常な不均衡」と指摘し，地理的表示と商標を等しく扱うことに注意しなくてはならず，先行優先の原則（first in time, first in right）を両者の調整の原則としたいと述べている（高倉，2000：24,32）。

(63) 国際商標協会（INTA）は，商標と地理的表示の関係は「first in time, first in right」の

原則により解決されるべきとしている（INTA, 1997）。注⒇の高倉の指摘でも示されているが，商標を重視する立場からも，先行優先の原則での調整が主張されている。一方，必ずしも，先行優先の原則をとる必要はないとの考え方もある（内藤 2012：112；伊藤・鈴木 2015：255）。ただし，これは，両者の機能の違い等から，商標が先に登録されていても，常に地理的表示が登録できないとするのは適当でないとするものであって，EUでの扱いを正当化する主張である。INTA (1997) Protection of Geographical Indications and Trademark, https://www.inta.org/Advocacy/Pages/ProtectionofGeographicalIndications andTrademarks.aspx（2019 年 10 月 18 日参照）.

⒂ 注㈣の坂元課長へのインタビューによれば，法制定後，EU 側から，商標に対して地理的表示保護の程度が弱いことについて問題点が指摘されたとのことである。

⒃ TRIPS 協定を踏まえ，正当な産地以外で生産されたぶどう酒及び蒸留酒に使用するぶどう酒等の地理的表示については，商標登録できないこととされている（商標法第 4 条第 1 項第 17 号）。ぶどう酒等以外の地理的表示については，このような規定はない。

⒄ 和牛のブランドである石垣牛では，石垣牛ブランドの確立に努力していた代表的な農家が，農協による地域団体商標登録後，石垣牛の名称を使用できなくなった事例が報告されており（週刊ダイヤモンド，2013），団体により団体構成員以外の地域の生産者が排除されることは，必ずしも杞憂ではない。

⒅ カナダでは，イタリア産の Prosciutto di Parma 等の名称が，先行商標の存在を理由に使用できないことになっていたが，EU・カナダ FTA 協定による合意によって，使用が可能となった（内藤，2015b：244）。このような事例を見れば，EU 等海外の地理的表示に該当する名称が，当該産品以外に商標登録されることは，必ずしも杞憂ではない。

⒆ USTR (2016) 2016 Special 301 report, https://ustr.gov/sites/default/files/USTR-2016-Special-301-Report.pdf（2019 年 10 月 18 日参照）.

⒇ （2）で述べる改正により拡充された表示を使用する行為に含まれることから，現在は削除されている。

⒀ CCFN (2017, December 20) Europe Won't Own "Parmesan" and "Bologna" in Japan: Japan Rejects EU Attempts To Confiscate Many Generic Meat, Cheese Names through Geographical Indication, http://www.commonfoodnames.com/wp-content/uploads/CCFN-Release-Japan-GIs-FINAL.pdf（2019 年 10 月 18 日参照）.

⒁ 2018 年 11 月 20 日衆議院農林水産委員会での関健一郎委員に対する新井ゆたか農林水産省食料産業局長答弁（第 197 回国会衆議院農林水産委員会議録第 5 号）。なお，法施行規則第 2 条第 4 号で，地名，国旗その他これらに類する表示を用いることにより，当該特定農林水産物等又はこれを主な原材料とする加工品である特定農林水産物等と誤認させるおそれのある表示が，類似等表示等表示として定められた。

⒂ 法施行規則第 1 条。

第6章　アイディアをめぐる相互作用を通じた政策決定

　地理的表示保護制度創設に至る政策過程について，第3章では2004年に農林水産省が検討した地理的表示保護制度が創設に至らず，地域団体商標制度が創設された過程を分析し，第4章で整理した地域団体商標制度創設後の状況変化も踏まえ，第5章では地理的表示保護制度が創設された過程を，特別の保護制度を通じた品質保証による付加価値向上というアイディアに注目して分析を行った。

　本書の主たる問題意識は，2004年当時においても，既にEU等で地理的表示保護制度が実績を上げ，我が国で制度の必要性が一定程度認識されていたのに，地理的表示保護制度の制度化に失敗する一方，10年後には，特許庁の地域ブランド保護政策が存在したにもかかわらず，省庁間調整が整い制度化に成功したのはなぜかという点である。本章では，2004年と2014年の事例を，第1章で示した分析枠組みに即して，アイディアが果たした役割や二省庁間の相互作用に注目するとともに，当時の国内的状況や国際的状況といったアイディア以外の要素も考慮して分析を行うこととする。

1．2004年の地理的表示保護制度創設失敗の事例分析

　2004年の，地域ブランド保護に関する農林水産省と特許庁の政策アイディアは，第6−1表のとおり整理できる。この際の政策課題は，地域ブランド保護による地域振興という，農林水産物以外の産品を含む地域ブランド保護であったが，この課題とともに農産品に関する基準を整備し消費者の信頼されるブランドを作ることも課題として認識されていた。これに対する農林水産省のアイディアは，EUの制度を参考に，特別の保護制度によって地理的表示を保

護しようとするものであった。ただし，EUの制度とは異なり，団体に名称使用の独占権を付与する一方，その産品の品質の保証については，基準の適合の確認等を専ら団体に任せ，事後的に行政が報告を求めることにとどまり，政府が関与して品質保証の信頼性を高めるという要素の薄いものであった。これに対し，特許庁の政策アイディアは，商標制度を活用するものであり，商標登録に必要とされる周知性の要件を緩和し，従来，識別性の問題等から保護が困難であった地域ブランドの名称に対して，地域団体商標に係る商標権を与えるものであった。品質等の基準については，設定するかどうかを含め権利者に任された。

　このように，両省庁の政策案は，ブランド産品の名称に関して団体に私的独占権を与えるという点で共通するものであった。ここで，商品等を識別するための私権について商標権でカバーしてきた特許庁にとって，同様の私権を創設する農林水産省の案は，権利が併存することに伴う両制度の調整及び政策分野の浸食という点で，利益を侵害する程度の大きな政策案だったと考えられる。このため，特許庁は農林水産省の案に商標権とのバッティング等に関し異議を唱えるとともに，従来，課題としては認識されながら，識別性の問題等から対

第6−1表　地域団体商標創設の際の両省庁のアイディア

	農林水産省のアイディア	特許庁のアイディア
制度の大枠	特別の制度による地理的表示保護	商標制度の枠内での地域ブランド保護
保護の目的	不適正な名称使用を排除し，地理的表示が適切に機能することにより，農林水産業等を発展	発展段階の地域ブランド保護による地域振興
権利の設定	名称に関して団体に権利付与	名称に関して団体に権利付与
地域環境とのつながり	確立した品質等と産地との結びつきが必要	必要なし
周知性等	評価が定まったもの（地域ブランドとして確立したもの）を念頭	一定の周知性がある発展段階のものを含める
品質基準	基準適合が必要（行政の関与は，報告徴収。このほかの特段の品質保証の仕組みは設けない）	基準を設定するかかどうかを含め，権利者に任される

資料：筆者作成.

応してこなかった，商標制度による地域ブランド保護の政策案を立案すること
になったと考えられる。第１章で示したサバティアによる唱道連合間の相互作
用のシナリオに照らしてみた場合，特別の保護制度による地理的表示保護とい
う農林水産省の案に対し，大きな負の影響があると判断した特許庁が，問題点
を指摘するとともに，別の政策案を提示したことになる。農林水産省の案につ
いては，内閣法制局からも，条件を満たす地域生産者が広く使用できるとしな
がら独占権とする整理や権利主体をどうするか等の点について，法制的な問題

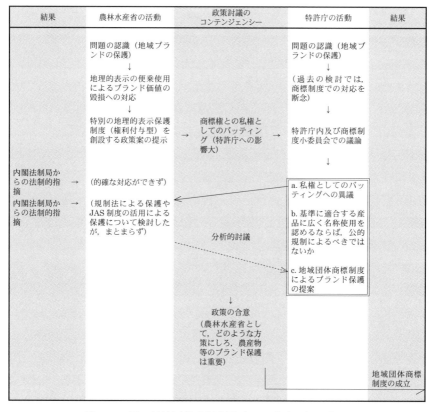

第６−１図　地域団体商標創設時の両省庁の相互作用

資料：筆者作成.

点が指摘された。農林水産省は，規制法形式での制度化やJAS制度内での保護の検討を行うなど制度検討の議論はぶれ，有効な政策案が示せず，特許庁との十分な討議には至らなかった。農林水産省は，制度化を断念する一方，農林水産物を含む地域ブランド保護施策として，地域団体商標制度が成立することとなった。

　以上のような政策過程を図示したものが，第6－1図である。

　このような結果に関連する要素として，次のような点が指摘可能である。

　まず，農林水産省が立案した政策アイディアの内容について指摘したい。農林水産省の政策アイディアは，評価が定まったブランドの名称について，団体に私権を与え，これによって不適正な名称使用を排除しようとするものであった。また，EUの保護制度を参考にしたとは考えられるものの，特別の品質保証の仕組みを設けて，付加価値向上を図ろうという要素は少なかった。既に述べたように，EUの地理的表示保護制度は，行政関与の品質保証によって消費者の評価を高めることが重要な要素となっているが，農林水産省案はこういったEUの実績からの教訓を十分引き出したものとはなっていない。この結果，商標制度と異なる目的，内容を持った制度として構成されておらず，商標制度と機能，仕組みがかなり重なるものであったといえる。さらに，私権を設定する制度について，法制局や特許庁からの指摘等を受けると，規制による保護やJAS制度による保護を検討するなど，検討内容が大きくぶれることになった。このような中で，農林水産省と特許庁の協議も十分行われなかった。これについて，当時の農林水産省担当者は，この制度の目的，対象，仕組みとして重視すべき点など内容面での詰めが十分されておらず，権利法にするかどうかといった形式面での議論が中心となってしまったと述べている[1]。

　次に，地域ブランド保護制度創設により，対応すべきと考えられていた課題について指摘したい。地域ブランド保護は，経済財政運営と構造改革に関する基本方針では，地域の資源を活かしつつ創造的な地域産業の再生を図るための施策として，知的財産推進計画では，産品・製品等の競争力強化や地域の活性化，消費者保護等の観点からの施策として位置付けられた。すなわち，農林水

産物に限定した付加価値向上を目的としたものではなく，地域振興等の幅広い観点からの施策として位置付けられていた。知的財産戦略本部日本ブランド・ワーキンググループ報告書で，農林水産品に関する基準を整備・公開し，消費者に信頼される地域ブランドを作ることは提言されていたものの，必ずしも，農林水産物に特化したブランド保護施策のみが求められていたわけではなかった。

　また，国際的な状況としては，地理的表示保護をめぐる WTO での議論は，EU が継続して保護拡充の主張をしていたものの，EU 等と米国等の対立により方向性がはっきりしておらず，国際的な状況から，地理的表示保護制度の導入が求められる状況にはなかったことも指摘できる。

2．2014 年の地理的表示保護制度創設の事例分析

　2014 年に地理的表示保護制度が創設された時の，農林水産省と特許庁の政策アイディアは，第 6 − 2 表のとおり整理できる。この際の政策課題は，農林水産物の付加価値向上による農林漁業の競争力強化であった。農林水産省のアイディアは，行政関与の品質保証の仕組みを講じた上で，地理的表示を保護し

第 6 − 2 表　地理的表示保護制度創設の際の両省庁のアイディア

	農林水産省のアイディア（最終的なもの）	特許庁のアイディア
制度の大枠	特別の制度による地理的表示保護	商標制度を活用した地理的表示保護（地域団体商標制度への上乗せ）
保護の目的	農林水産物の付加価値向上を通じた農林漁業の競争力強化	同左
権利の設定	明示的な権利なし（規制により保護）	商標権（＋行政規制）
地域環境とのつながり	必要	（上乗せ部分に）必要。その確認は農林水産省が行う。
周知性等	特に必要としない	（地域団体商標として）周知性が必要
品質基準	基準の策定・公示。行政が関与した基準遵守の担保措置。	（上乗せ部分に）基準の策定が必要。その確認は農林水産省が行う。

資料：筆者作成.

ようとするものであり，農林水産省として最も望ましいのは，EU の制度と同様に商標制度は全く異なる特別の仕組みを創設することであった。これに対し，特許庁の政策アイディアは，当初は証明商標制度による地理的表示保護の可能性も検討されたが，農林水産省との政策討議の結果，地域団体商標のこれまでの実績・効果を踏まえ，地域団体商標取得産品のうち地理的表示に該当するものを農林水産大臣が認定することによって特別の効果を与える制度（地域団体商標制度の上乗せ案）となった。

　農林水産省が保護制度を設けて地理的表示を保護することは，これまで特許庁が地域団体商標制度でカバーしてきた分野を侵食するものであった。一方で，農林水産物の付加価値向上による農林水産業の競争力強化が政府全体の課題として設定されており，これに対応する具体策が求められていた。このような中で，特許庁は，農林水産省との調整を通じて，地域団体商標を取得した産品の中から，地域に結びついた特性を有する地理的表示に該当するものであることを，農林水産大臣が認定し，これに特別の効果を与える仕組みを創設することで，2012 年夏の段階で，一応の合意を形成した。これは，それまでの地域団体商標の取組実績を前提にしながら，品質等の特性を公的機関が担保することを通じて，農林水産物の付加価値向上の要請に対応しようとするものであったといえる。この案は，地域団体商標がカバーしてきた分野への浸食，商品を識別する私権としてのバッティングという特許庁に対する二つの影響に対し，地域団体商標制度の枠内での保護とすることにより，影響を最小限にするものであった。

　ここで注目すべきは，公的主体が地域の品質等の特性の関連性を担保する仕組みとすることの必要性とこれを担保する主体が農林水産省であることは，地域団体商標を活用する案においても，両省庁で合意できていることである。この背景として，研究会前後での相互学習を通じて，両省庁間で，これまでの地域団体商標制度の実績と品質保証に関する問題点の指摘，EU の地理的表示保護制度やその効果等に関する情報が共有されていたことが考えられる。サバティアの唱道連合モデルが指摘するように，地域団体商標創設後の状況変化や

両省庁の政策指向学習が，政策変化に与えた影響が見られるのである。

　しかし，この政策案には，内閣法制局から，地域団体商標制度の一部に特別の効果を認めるのであれば，商標制度の枠内で対応すればよく，その場合，なぜ対象を農林水産物に限定して特別の効果を認めるかの理由付けが困難である等の法制的な指摘が行われた。また，地域団体商標の取得を前提としていたため，保護の要件として，日本国内での一定の周知性が必要とされた。このため，日本国内で周知性を持たない，EU の多くの地理的表示が保護できないという問題点を有していた。

　こういった内閣法制局の指摘等との関係から，地域団体商標制度の上乗せ案の検討は中断し，2013 年の通常国会には法案は提出されず，その後，一旦合意した案とは別の案の検討が行われることになった。

　農林水産省が再提案したのは，EU の制度に類似した特別の保護制度であった。我が国の地理的表示を保護し，かつ，EU の地理的表示保護にも対応するためには，既に述べたように，地域団体商標の取得を前提とする制度はとり得なかったのである。この当時，EU との経済連携協定の議論が本格化しており，EU 側は，経済連携協定において EU の地理的表示保護を図ることを重要な課題としていたことから，EU との経済連携協定を実現するためには，どのような方法をとるにせよ，EU の地理的表示を保護できる仕組みの導入は不可欠であった。我が国の地理的表示保護制度は，我が国農林水産物の付加価値向上のために導入されたものであるが，同時に EU との関係で，その導入する内容に一定の制約を受けたことになる。この意味で，第 1 章で述べた Dolowitz の政策移転の分類からみると，自発的移転と強制移転の双方の性格を持つと考えられる。

　この政策案は，特許庁の所掌権限の維持の観点からから見れば，従来地域団体商標がカバーしていた分野を侵食されるものであり，望ましくない内容であった[2]。この侵食の程度は，地域団体商標により食品・農林水産物の地域ブランド保護が相当進んでいたことから，2004 年に比べ更に大きいものであった。しかし，農産物の高付加価値化のため，これまでの議論を通じ，公的主体

が地域の品質等の特性の関連性を担保する仕組みとすることの必要性は特許庁
としても認めており，また，品質面には特許庁として実質的に関わらない立場
をとっていたことから，EU との経済連携協定推進上の必要性の中で，この案
に同意することとなったと考えられる。ただし，特許庁として，従来から重視
している私権としてバッティングしない制度となることを確保すべく，地理的
表示と商標との関係について，農林水産省案では地理的表示・商標とも先行優
先で登録を認めるとなっていたものを，地理的表示が先に出願・登録されてい
ても，商標登録上は考慮せず，登録可能とする扱いとしたのである。

　このような結果に関連する要素として，次のような点が指摘可能である。

　まず，公的主体が地域の品質等の特性の関連性を担保する仕組みによって，
農林水産物の付加価値の向上を図るという政策のアイディアが十分検討されて
いた点が指摘できる。EU 等の制度や実績に関する省内の研究所のサポートも
得た十分な研究・学習により教訓導出が行われ，農林水産省は，EU の制度の
特徴である「品質保証」を重点に置いた政策案を立案した。この公的主体が品
質等の特性に関して担保するというアイディアについては，検討過程を通じて
維持された。これは，品質面を事業者の取組に委ねる商標制度とは機能の異な
る制度であり，各地域に多様な産品を有する点で EU との類似性を持つ我が
国において，EU の経験の学習から，農林水産物の付加価値向上を図る上で有
効な策となることが期待された。

　また，最終的な農林水産省の案は，規制により地理的表示を保護するもので
あり，明示的な権利を設定しないものであった。このため，商品等を識別する
ための私権として，商標権と直接バッティングすることが避けられ，商標登録
時の調整規定を置かない対応が可能であった。これによって，商品等を識別す
る私権は商標権で対応するという，特許庁が重視する制度の整合性が維持され
ることになった。

　このような合意を形成する上で，両省庁間で協議を行う場が存在していたこ
とも大きな要素として指摘できる。第5章3．で述べたように，農林水産分野
での知的財産活用について両省庁間の協力関係が構築され，また，保護に関す

る調査研究や学会などにおいて，意見交換をする機会が存在した。そのような状況を経て，地理的表示保護制度研究会が開催されており，研究会の直接のメンバーは学識経験者等であるが，公開の研究会の議論を通じて両省庁の意見が

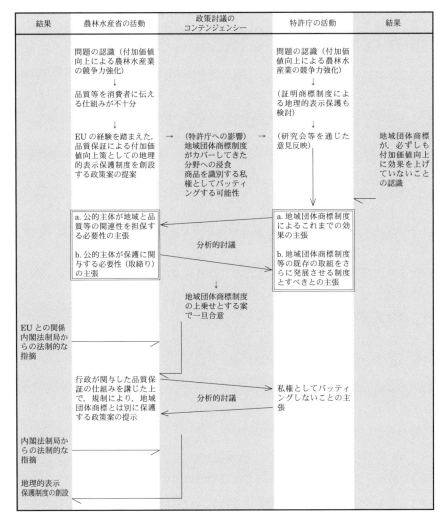

第 6 − 2 図　地理的表示保護制度創設時の両省庁の相互作用

出所：筆者作成.

反映され，研究会と平行して，両省庁間での議論が積み上げられることとなった。研究会での議論後，一旦合意された案とは異なる案が提案されたものの，このような議論の積重ねの延長に，最終的な合意がなされることとなった。

　地理的表示保護をめぐる国内的状況及び国際的状況も，特別の保護制度創設を進める要素となった。国内的には，政権に復帰した自民党が，農林漁業者の所得増大を重視し，特に高いレベルの経済連携と国内農業・農村振興とを両立するための具体策が求められていた。国際的には，EUとの経済連携協定の締結交渉において，EU側が地理的表示保護を達成すべきテーマとして重視し，EUの地理的表示を保護できる仕組みの構築が不可欠な状況となっていた。

　以上のような政策過程を図示したものが，第6－2図である。

3．2事例の比較分析と地理的表示保護制度創設をもたらした理由

　地域団体商標創設時と地理的表示保護制度創設時の状況を対比したものが，第6－3表である。

　大きな差としてまず指摘できるのが，農林水産省の政策アイディアの内容とその説得力である。地域団体商標制度創設時の農林水産省の政策アイディアは，地理的表示に関する私権付与によりブランドの不正使用を防ぐものであったが，内容面で詰めた議論は行われておらず，また，EUの制度で重視される品質保証の要素は薄かった。地理的表示を保護する仕組みを作ることが優先され，どうしてそのような保護の仕組みをとるのか，地理的表示保護が商標と異なるどのような機能を果たすのかといった点がはっきりせず，政策案としての説得力を欠いたと考えられる[3]。

　一方，地理的表示保護制度創設時の農林水産省の政策アイディアは，品質保証の仕組みを設けた上で，規制により地理的表示を保護し，付加価値向上を図ろうとするものであった。この案は，農産物の高付加価値化による所得向上が重要な政策課題となる中で，これを達成するための具体策を示す「道路地図」として機能したと考えられる。ここで，EUの制度内容や効果等が十分把握さ

第6-3表　地域団体商標創設時と地理的表示保護制度創設時の状況比較

	地域団体商標創設時の検討	地理的表示保護制度創設時の検討
検討の背景	産品の競争力強化，地域活性化，消費者保護	農林水産物の付加価値向上による農林漁業の競争力強化，農山漁村の活性化
農林水産省の政策案の内容	ブランドの不正使用を防ぐため，地域ブランドに対する権利付与（ただし，内容面で十分詰めた議論が行われず，方向性にブレ）	品質保証による付加価値向上。規制で権利は明定しない …商標とは異なる機能の制度
特許庁への負の影響	商品を識別するための独占的な私権として重複（調整規定が不可欠）。ブランド保護分野を浸食	地域団体商標制度の政策領域を浸食。一方，私権としてはバッティングしないと整理可能
国内的状況		自民党の政権復帰，経済連携の推進の中で，農業振興施策の重要性の高まり
国際的状況	（TRIPS協定で積極的な保護が求められているのはぶどう酒及び蒸留酒の地理的表示のみ。EUはWTOの場で保護拡充を主張）	（TRIPS協定を巡る状況には基本的変化なし） 日EU・EPA交渉において，EU側から地理的表示保護の強い要求 TPP交渉において，米国等から，地理的表示保護が自国産品に影響を与えない観点からのルール化の主張
既存制度の実施状況		地域団体商標の登録が進む。ただし，権利者から，価格上昇の効果をあげていないとの評価
議論の場	専門家会合を1度開催したが，商標との関係等について十分な議論に至っていない	農林水産分野の知的財産に関する協力関係が存在 5回にわたる公開の議論（特許庁OB2名も委員として参加）

資料：筆者作成.

　れ，地理的表示保護制度研究会等を通じて提示されたことが，「教訓」として，政策案の信頼性を高めたものと考えられる。さらに，地域団体商標が必ずしも付加価値向上に効果を上げていないとの評価を，特許庁が認識していたことも影響したものと考えられる。

　次に，政策案の特許庁への影響の度合いについて指摘したい。地域団体商標創設時の農林水産省の政策アイディアでは，地理的表示に関する権利が，商品を識別するための私権として商標権とバッティングし，調整規定が不可欠になる。これは商品等を識別するための私権について商標権でカバーする立場をとる特許庁にとって，影響の大きな案であった。一方，地理的表示保護制度創設時は，これまで地域団体商標制度がカバーしてきた政策領域の浸食という点と，私権としてのバッティングの二つの影響があり得た。このため，当初，特許庁は，地域団体商標の上乗せ制度とすることによって，二つの影響を最小限とするよう，農林水産省との調整を行った。この案は，内閣法制局の指摘等から採用困難となったが，その後提案された農林水産省の案は，品質面を重視した仕組みで表示の規制を行うものであって，権利としての明確なバッティング

はない仕組みであった。酒については，既に国税庁が規制によって地理的表示
を保護する仕組みを講じていたことから，これと同様のものと整理することが
可能であり，商標の登録要件に調整規定を置かない処理も可能であった。こう
いったことから，商品を識別するための私権として商標権とバッティングする
ことは，特許庁の政策のコアの信念，その信念に裏付けられた中心的利益に関
するもので受け入れがたいが，品質等の面から他省庁が地域ブランド保護政策
を行うことは，2次的なものとして容認できたと考えられる。

　さらに，両省庁間で討議を行い得る場の存在も，両事例の差として指摘でき
る。地理的表示保護制度創設の際は，それまでの知的財産活用について両省庁
間の協力関係をベースに，地域団体商標創設時と比べて，両省庁間で円滑に意
見交換を行うことのできる体制が構築されていた。その上で，地理的表示保護
制度研究会が開催され，その後の議論が進められた。

　外的な要因として，地理的表示保護をめぐる国内的状況及び国際的状況の差
も，独自の保護制度創設を進める要素となった。地域団体商標創設時は，地域
振興施策として議論されたが[4]，地理的表示保護制度創設時は，農林漁業者の
所得増大のための具体策としての強い要請があった。また，国際的には，EU
との EPA 協定の締結交渉を進める上で，追加的保護水準での EU の地理的表
示の保護などの EU 側の主張に対応するには，商標制度のほか，地理的表示
を保護する仕組みの創設が不可欠となっていた[5]。

　また，両事例共通して，内閣法制局による指摘の影響度が大きいことが指摘
できる。国内外の実態，制度に関する事前の把握やこれを踏まえた内容面での
詰めが十分行われていなかった 2004 年においては，農林水産省における検討
案が，内閣法制局の指摘に応じて大きく変動している。また，2012 年の検討
においては，内閣法制局への説明を容易にすることも考慮して，既にある制度
を基礎とした仕組み（地域団体商標制度への上乗せ案）が検討されている。ど
のような内容を規定すべきことが必須なのかがはっきりしていない場合，内閣
法制局の多方面からの指摘に検討内容がぶれ，適切な案をまとめられずに，検
討が進捗しない状況が見られたのである。内閣法制局における審査について，

内閣法制局参事官であった平岡秀夫は，政策の中身自体を内閣法制局が左右することは少なく，法体系上のバランス，表現の統一，論理整合性，正確な文章などの形式的な整理を行うことが中心と述べている[6]（平岡，1997：287）。一方で，内閣法制局長官であった茂串俊は，法律は強制力を持ち権利義務に関わることから，その政策について法律が必要なのかをまず審査し，どうしても必要だとなると，どんな対象をどんな手続で規制するかという問題になると述べている（茂串・五代，1984：10-11）。形式面の審査に重点が置かれるか，実質面の審査に重点が置かれるかは，法案の内容や状況により異なると考えられるが[7]，本書で取り上げた地理的表示保護制度については，その政策の必要性をはじめとして実質面を含めた厳格な審査が行われており，制度の基本的な設計や基準遵守を確認する仕組みなど具体的な制度内容にも影響を与えた。このような審査を通じた制度内容に対する影響については，各省庁の専門的見地からする立法的要求を，法制官僚独特のメンタリティにもとづく保守的恣意的解釈によって大きく修正させてしまう可能性がある（佐藤，1966：57-59），「政策の中身」への信じがたい介入であり，「無謬の論理」にそぐわない「積極的施策」や画期的な新政策が出てくると，必ず大きなカベとなって立ちはだかる（西川，2002：182-185），既存の法制度の延長線上にない法制度の設計を著しく困難にしている（田丸，2000：23-25）といった批判がある[8]。一方で，法律の立案段階において，過去の歴史や現在の法制度，憲法との関連といったものなど，あらゆる視点から検討を加えて，現在の法制度と矛盾が生じないようにするという役割を指摘するものがある（平岡，1997：293）。

　創設された地理的表示保護制度は，登録をした上で，規制により知的財産保護を行うという，我が国では従来にない仕組みであったが，審査に長時間を要したものの，制度の基本的な内容は，農林水産省が立案した内容のままで審査を了しており，この事例では，内閣法制局が新しい政策を阻害しているとまでは言えないと考えられる[9]。ただし，品質等の基準確認の方法については，内閣法制局の指摘も踏まえて，第３者機関が行う EU と同様の方式から，生産者団体による確認を中心とする方式に改められている。これについては，各省

が政策上必要と判断した「政策の中身」への介入と捉えることも可能であるが，一方で，制定される法制度の実行可能性，実効性の観点からの審査・議論[10]を通じ，より我が国の実態に適合した実効性の高い方式に改められたと捉えることも可能である[11]。

注(1)　第3章注(16)の高橋元補佐へのインタビューによる。

(2)　第5章注(41)のインタビューでは，坂元課長は，特許庁側に，地理的表示保護制度ができると，同制度への申請が多くなり，地域団体商標へのニーズがなくなって，地理的表示保護制度に飲み込まれてしまうのではないかとの危惧があったようだと述べている。

(3)　第3章注(16)のインタビューで，高橋元補佐は，うまくいかなかった理由について，一本筋を通してずっとそれを頑張るということが不足していたのだと思うと述べている。

(4)　また，当時，BSE問題等の発生を受けた食の安全・安心の確保対策や品目横断対策など，農林水産施策として優先される課題があった。

(5)　第5章注(41)のインタビューで，坂元課長は，TPP交渉と日EU・EPA交渉の双方が動いている中で，この双方に対応するために，商標制度のほか，地理的表示保護制度の創設が必要ということが，国内的に理解されやすかったと述べている。ただし，第5章5.（3）で述べたとおり，EPA交渉のため，国内の地理的表示も含めてEU型の保護制度の導入が必須とまではいえなかった。

(6)　内閣法制局の審査の力点について，必要性や公益性は最初に確認する程度であり，法律に書き表さなければならない法律事項があるか，既存の法制度との整合性は図られているかといった点に審査の重点がおかれることが少なくないとの指摘がある（田丸，2000：21-22）。

(7)　筆者の内閣法制局参事官としての経験（2004年7月～2009年7月）に照らすと，内容に重大な規制を含むか，振興法的なものであるかなど法案の内容や，審査前に審議会等で十分に議論が行われ決定されたものであるか，政治的な決定を実現するものであるかなどの状況のほか，審査を担当する参事官等が，実質的内容については専ら担当省庁での議論に委ねる立場をとるか，自らも実質的内容に深く踏み込んで議論する立場をとるかのなどの，個人的な要素も少なからず関連していると思われる。

(8)　こういった指摘が当てはまる場合は否定できないと思われるが，筆者の経験では，従来にない政策の場合，より慎重な審査が行われるものの，政策の必要性や規定内容の適切性が説明されれば，法案担当省庁が立案した内容が審査を通過し法律案となっている。例えば，2009年の農地法改正においては，所有者不明の農地について，所有者の意思が確認できない状況のまま，都道府県知事の裁定により，強制的な利用権を設定する仕組みが新設された。この措置は，財産権との関係上の問題を含み得る内容だったが，所有者不明で遊休化した農地の増加，農地の農業生産上の重要性を踏まえ，公告等の適切な手続や補償金を供託する措置等を講じた上で，強制的な利用権設定を認める内容が審査を通過してい

る。内閣法制局の審査は，新しい政策をカベとなって止めるというものではなく，より適
切な内容となるよう議論を積み重ねる過程ではないかと思われる。

⑼　ただし，審査には非常に長時間を要しており，法案担当者は月数百時間の残業を行うな
ど，相当の負担がかかっていた。公務員を含め，ワークライフバランスの必要性が指摘さ
れる中，無際限の勤務を前提にする法律立案作業，審査の方法については，再考する必要
があろう。

⑽　元内閣法制局長官である工藤敦夫等が執筆者となっている『新訂　ワークブック法制執
務　第2版』では，法律案の立案に当たって内容面で注意すべき点として，①法たるに適
する強要性を有すること，②遵守されることを期待でき，その法の内容を実現し得るだけ
の実効性を有すること，③個人の尊重と社会全体の福祉の調和等の観点から正当性を有す
ること，④他の法令との間に協調を保ち，全体として統一整序された体系を形成している
こと，の4点をあげている（法制執務研究会，2018：76-77）。内閣法制局の審査では，
法制度の実行可能性，実効性についても重視されていることがうかがえる。

⑾　第5章注⑷のインタビューで，坂元課長は，第3者機関による確認の制度のままでやっ
ていたら，まだそのような確認機関がビジネスとして十分確立していない我が国では，う
まく動かない仕組みになっていたかもしれないと述べている。

第7章　政策手段としての地理的表示保護制度

　第3章から前章まででは，地理的表示保護制度が，省庁間の調整を経て導入された政策過程について分析した。本章では，このような過程を経て導入された地理的表示保護制度について，政策手段としての面から考察し，これまでとられてきた農業施策の経緯から見て，どのように位置付けられるかを整理する。また，現在とられている農業施策を概観した上で，どのような政策類型に位置付けられ，どういった特徴を持つのかを整理する。これらを通じ，地理的表示保護制度の農業政策上の意義を検討する。

1．これまでとられてきた農業振興施策の中での地理的表示保護制度

（1）農業振興施策の中心としての生産性向上施策

　農林水産省は，食料の安定供給の確保，農林水産業の発展，農林漁業者の福祉の増進，農山漁村及び中山間地域等の振興，農業の多面にわたる機能の発揮，森林の保続培養及び森林生産力の増進並びに水産資源の適切な保存及び管理を任務とする省であるが（農林水産省設置法第3条），この節では，農林水産業の発展，特に農業の発展のためにこれまで農林水産省がとってきた施策について整理する。

　農政の基本方向を定めた2009年制定の食料・農業・農村基本法においては，農業の持続的な発展に関する施策が，第21条から第33条に規定されている。その概要は，効率的かつ安定的農業経営を育成し，規模の拡大その他農業経営基盤の強化を図り（第22条），効率的かつ安定的な農業経営を営む者に農地の利用を集積し（第23条），生産性の向上を促進するため農業生産の基盤を整備し（第24条），効率的かつ安定的な農業経営を担うべき人材を育成・確保し（第25条），価格政策により育成すべき農業経営の安定を図ること（第

30条）等となっており，効率的・安定的な担い手を育成し，その規模の拡大を進めるとともに，生産基盤を整備して，農業の生産性を向上させることが強く打ち出されている。一方で，農業の発展施策として，地域の独自性等を活かした多様な高付加価値型の農業の振興等についてはふれられていない[1]。

　この規模拡大等による生産性向上に向けた施策は，我が国の農業規模の零細性，特に戦後の農地解放により零細な農業者が多数創設されたことを踏まえ，一貫して農政の重要な方向であった。1961年に制定された農業基本法においては，施策の目標として，「他産業との生産性の格差が是正されるように農業の生産性が向上すること」及び「農業従事者が所得を増大して他産業従事者と均衡する生活を営むことを期することができること」の二つを掲げた。そして，重要施策として，農業生産の選択的拡大と，規模拡大等の農地保有の合理化及び農業経営の近代化という農業構造の改善を講ずることとされ，他産業並みの所得を確保できる自立経営の育成が目指されることとなった。その後，1992年の「新しい食料・農業・農村政策の方向[2]」（新政策）において，効率的・安定的な経営体が生産の大宗を占める農業構造が実現されるよう，政策支援を重点化する方向が打ち出された。この内容を踏まえて，翌年の農業経営基盤強化促進法により，認定農業者制度が創設され，認定農業者に対する農地利用の集積や様々な支援措置が講じられた。

　もちろん，現実に行われた農業政策については，多数の小規模農家及び農業団体，農業関係議員，農林水産省の3者の関係の中で，米をはじめとした農産物価格の維持が図られ，規模拡大等の生産性向上施策が円滑に行われたとは言いがたい面もある。元農林水産省官僚の山下一仁は，農協，自民党農林族，農林水産省という農政トライアングルが成立する中，農業基本法の理想が放棄され，兼業農家の維持が重視されるようになったことを指摘している（山下，2009：122-140）。しかし，二つの基本法を通じて重視する施策として明示されてきたのは，規模拡大による生産性の向上であり，第4章で述べたとおり，民主党政権下での多様な担い手を育成する方向を経て，農業構造の改革は現時点でも重視される施策の方向である。これについて，元農林水産省官僚である

林正德は，日本の農業政策の中心課題が，コスト削減・規模拡大など，一貫して「大量生産・大量消費型」農産物・食品の供給確保と需給調整であったとし（林，2015b：172-173），同じく元農林水産省官僚である武本俊彦は，農業基本法は単品大量生産方式のような単作化による労働生産性向上を目指すものであり，農業基本法以来の農業経営の概念はいずれも生産面での効率性に着目したものであったと指摘している（武本，2013：59，67）。

（2）6次産業化など地域・経営体ごとの付加価値向上の取組を助長する施策の重視

　第4章で述べたとおり，2009年からの民主党政権下においては，農政の方向として，農山漁村の6次産業化や小規模経営農家も含めた農業継続が主要な政策目標とされた。それまでの，一部の農業者に施策を集中し，規模拡大を図ろうとした施策について，農業所得確保につながらなかっただけでなく，多様な農業者の確保・地域農業の担い手の育成ができなかったと批判し，意欲ある多様な農業者を育成・確保する施策に転換するとしたのである。2010年3月の食料・農業・農村基本計画では，戸別所得補償制度の創設，消費者の求める「品質」と「安全・安心」といったニーズに適った生産体制への転換，6次産業化による活力ある農山漁村の再生を基本に農政を大転換するとされ，農産物の品質向上，加工や直接販売等による付加価値の向上やブランド化の推進等による販売価格の向上を図ることが重視された。これらの施策は，「地域資源を活用した新たな付加価値を生み出す[3]」取組であり，一律の生産性向上よりも，地域ごとの強みを活かしてこれを付加価値につなげようとする施策であった。

　2012年に自民党は政権に復帰したが，その後も，6次産業化等による付加価値向上施策は，大規模化等による生産コスト低減施策と並んで重要な施策の一つと位置付けられている。例えば，第4章2.（3）で既述した2013年の「農林水産業・地域の活力創造プラン」では，基本的考え方において，農林水産業の産業としての競争力強化の方向として，①6次産業化や輸出促進をはじめ，付加価値を高める新商品の開発や国内外の市場における需要開拓，と②農

地の集約化等による生産コスト・流通コストの低減の二つがあげられている。地理的表示保護制度は，ブランド化を通じて農産物等の付加価値を高める施策であり，①の方向の具体策である。

（3）農業振興施策における品質施策（JAS制度等）との関係

　次に，品質保証を重視している地理的表示保護制度と関連の深い施策として，農業施策においてとられてきた品質関連の施策を見る。農林水産省でとられてきた代表的な品質施策として，日本農林規格等に関する法律に基づく日本農林規格制度（JAS制度）がある。JAS制度においては，農林水産大臣が農林物資等の規格を定め，あらかじめ登録認証機関の認証を受けた製造業者等がその規格による格付けを行い，格付けを行ったことを示す表示（JASマーク）を付す仕組みである。このJAS制度の目的は，「農林物資の品質の改善，生産の合理化，取引の単純公正化及び使用又は消費の合理化」（日本農林規格等に関する法律第1条）とされており，具体的には，統一規格を定めることによって，望ましい基準設定による品質の向上，生産する種類の削減等による生産の合理化，現物を見なくても取引を可能にするなど取引の単純公正化，規格適合商品による一定の満足と予定された使用・消費を目指すものと説明されている[4]。このJAS規格制度の前身は，1948年に制定された指定農林物資検査法による指定農林物資検査制度であり，検査のための規格が定められ，その規格により検査が行われる場合は，検査を受けないものを販売してはならないという強制的なものであった。この指定農林物資検査制度は，1950年の農林物資規格法（現在の日本農林規格等に関する法律）の制定により廃止され，強制検査制度自体はなくなったものの，同法は，指定農林物資検査制度によって全国統一された規格を維持し，普及する目的を持っていた[5]。こういった目的から，JAS規格は，全国一律で品質・仕様を平準化し，粗悪品の排除を目指すものであった。

　同様の性格は，米等を対象とした農産物検査制度についても当てはまる[6]。現行の農産物検査法は，1951年に制定されたが，同法は米麦について国の検

査を受けることを義務づけ，1等，2等などの等級の格付け等を行い，商品の規格化・標準化を図るものであった。同法の制定前は，食糧管理法に基づく検査が行われていたこともわかるとおり，米についての農産物検査は，米の国による買い入れ，流通統制といった食糧管理の一環をなすものであった。食糧管理に関する規制緩和と併せ，その後の農産物検査法の改正により，検査義務の対象は限定され，最終的には任意となるとともに，検査主体も国から民間に改められたが，現在においても，全国統一規格によって取引の公正化・円滑化と品質の改善を図るという制度の目的は維持されている。

　また，生産面での品質対策について，野菜，果実，畜産など産品分野ごとに品質向上対策が講じられてきた。ここでは，その代表的なものとして，果実の品質向上対策について，果樹農業振興基本方針の記載内容により見ておく。果樹農業振興基本方針は，果樹農業振興特別措置法に基づき，おおむね5年ごとに農林水産大臣が定める果樹農業の振興を図るための基本方針であり（同法第2条），果樹農業の振興に関する基本的な事項や，果実の需要の長期見通しに即した栽培面積その他果実の生産目標等が定められる。地理的表示保護制度が当初検討された時期に近い2005年の果樹農業振興基本方針を見ると，果樹農業の振興に関する基本的な事項の一つとして，需要に見合った果樹生産の推進が定められており，その内容は，「食べやすさ，おいしさ，多様な品目へのニーズが高まっており，これに対応するための生産供給体制の確立が必要であり，これに対応できる優良な新品種の導入が求められている」とし，また，「品質管理の高度化によるブランド化の推進」や「高品質，たべやすさに着目した新品種の育成・導入」についても指摘している。地域の独自性を重視したブランド化という視点ではなく，食べやすさ，おいしさ等一般的に求められる品質を追求する内容となっている。また，最新の2015年の果樹農業振興基本方針では，果樹農業をめぐる状況と基本的考え方として，消費者が求める果物の価値として，①おいしさ・鮮度，②見栄え・形状，③安全・安心，④品質の安定性，⑤安定供給が重視され，さらにこれに次ぐものとして，⑥機能性，⑦ブランド力をあげており，総じて，一般的に求められる品質を重視している。

　また，対策として連携を重視し，産地間競争から産地間連携に移行し，高品質果実を周年的に安定供給することが重要としており，地域独自の取組というより日本全体での高品質化を目指すものとなっている。生産面の具体的対策としては，その一つとして新品種・新技術の開発・普及があげられ，この中でブランド化の一層の推進が指摘されている[7]。このように，果実の高品質化政策においては，おいしさ，見栄え・形状，品質の安定性等の一般的な品質が重視され，対策が進められてきた。このような方向は，他の産品分野においても，基本的に同様と考えられる。

　果実の品質対策でも，新品種・新技術の開発・普及が重要な対策の一つとしてあげられていたが，国立研究開発法人等において，多収品種など生産性の向上に資する品種開発とともに，良食味や栄養成分を高めた品種など高品質化による付加価値向上を目指す品種開発が行われてきた。また，開発された新品種の保護については，種苗法に基づく品種登録制度により行われており，品種の育成者に権利を与えることを通じて，品種の育成の振興が図られている。品種登録数は，累計で2万7千品種を超えている[8]。

　以上，政府の農業施策においてとられている品質政策のいくつかについて述べたが，総じて，全国共通の一定規格への適合や，良食味，栄養成分が高いなどの全国共通で評価される意味での高品質化が施策の中心になってきたといえよう[9]。

（4）これまでの農業振興施策における地理的表示保護制度の位置付け

　前章までで述べてきたように，地理的表示保護制度は，生産地域の自然環境や独自の生産方法に由来する他と異なる品質等を有する産品について，行政関与の品質保証を行うことにより付加価値向上を図る仕組みである。生産地域ごとに異なる独自性を強みとしてアピールするものであり，また，独特の品質を生み出す独自の製法は必ずしも効率的でないことも多い。このため，（1）で述べた大規模化等による生産性の向上とは大きく目的の方向性が異なる施策である。また，（3）のとおり，従来とられてきた JAS 制度等の品質施策におい

ては，全国一律の品質の平準化・改善，全国共通で評価される点での高品質化を目指すものであったが，地理的表示は地域ごとの違いを強調し，これによって差別化を図ろうとするものであり，これまでの品質施策とは目的の方向が異なる。

　地理的表示保護制度は，農業振興施策として近年重要性が増している（２）で示した地域・経営体ごとの付加価値向上の取組を助長する施策の一環であり，農業政策の変化の一つの表れと考えられる。これに関し，元農林水産省官僚である武本俊彦は，集中・メインフレーム型（大規模化による効率化とコスト削減を図るやり方）から地域分散・ネットワーク型への転換に向けて農業の６次産業化が必要と指摘している（武本，2013：251）。また，地理的表示保護制度の導入について，元農林水産省官僚である林正徳は，生産政策から品質政策へと農産物・食料政策の転換期を迎えつつある兆候であるのか今後の展開が注目されるとし（林，2015b：173），同じく元農林水産省官僚である髙橋悌二は，食品の品質とそれを支える農業についてのヨーロッパの考え方を重視した方向に向かうべきことを鮮明にしたとしている（髙橋，2015：104）。

２．政策手段の類型から見た地理的表示保護制度

（１）農業施策においてとられている政策手段

１）予算による支援措置等

　農林水産省においては，政策を具体化する手段として予算措置による事業の実施が重視され，予算獲得が個々の組織の業務評価のメルクマールとなることも少なくないと指摘されており（小島・城山，2002：150），農業政策の実施上，予算よる支援措置が重要な位置付けを占めている。

　2019年度の農林水産省の当初予算額は，総額２兆3,108億円（臨時・特例の額を含め２兆4,315億円）であり，2009年度当初予算額２兆5,605億円と比べ，10年間で約10％減少している。また，政府の一般歳出に対する割合は

3.9％であり，2009年度の4.9％から低下しているものの，なお一定の割合を占めている[10]。第7－1表は，2019年度農林水産関係予算の重点事項として挙げられた事業[11]の一覧であるが，幅広い政策分野に多くの事業が講じられていることがわかる。

　例えば，1の「担い手への農地集積・集約化等による構造改革の推進」は，前節で述べた，農業施策の中心としての大規模化による生産性向上施策の中核となる施策である。その内容は，農地集積のための事業を行う機構の支援，集積に協力する地域・農業者への協力金の支払い，市町村・農業委員会の行う事業の支援，県が行う農地の基盤整備事業の支援等多岐にわたり，資金の支援方法も，都道府県を通じて機構に対して支援するもの，都道府県・市町村を通じて農業者に対して支援するもの，都道府県に対して支援するものなど，様々なルートで行われている。また，2は，主食米からの転換の促進と担い手の経営安定を図るための諸事業であるが，このうち（1）は，飼料用米・麦等の作付けに対して交付金を交付し，主食米からの転換を図り，水田のフル活用を推進するための支援措置である。（4）①及び②は，担い手の所得を安定させるための交付金であり，①については，麦・大豆等に関し標準的な生産費と販売価格との差額が国から農業者に直接交付され，②については各年の収入変動の影響を緩和するため，収入の減少額の一部が，農業者1・国3の割合で積み立てられた拠出金から交付される。さらに，3は，農地等の農業生産基盤の整備と作目ごとの生産振興対策を中心とした諸事業であり，作物ごとの生産振興対策の一部として，優良品種への転換等の高品質化に向けた農業者・産地の取組支援も行われている。なお，3（1）の農業生産基盤の整備については，国が直接行うもの，県が行う事業を国が補助するもの，土地改良区等の団体が行い県を通じて国が補助するものなど，その規模等に応じて事業実施主体は様々であるが[12]，共通して，農業者の負担を求めつつ，農業基盤の整備を進める内容となっている。

　4は輸出促進や高付加価値化の推進のための諸施策であるが，ここで中心となっているのは，輸出環境の整備のほか，産地及び事業者が行う個別の輸出促

第7−1表　2019年度農林水産関係予算の重点事項

1 担い手への農地集積・集約化等による構造改革の推進	(4) 生産資材価格の引下げ，流通・加工の構造改革
(1) 農地中間管理機構による農地集積・集約化と農業委員会による農地利用の最適化	① 農業競争力強化プログラムの着実な実施に向けた調査
①農地中間管理機構等による担い手への農地集積・集約化の加速化	② 食品流通拠点整備の推進
② 農地の大区画化等の推進＜公共＞	③ 食品流通合理化促進事業
③ 農地耕作条件改善事業	④ 農業生産関連事業の事業再編・事業参入，流通構造改革の支援
④ 樹園地の集積・集約化の促進	(5)「スマート農業」の実現と農林水産・食品分野におけるイノベーションの推進
⑤ 農業委員会の活動による農地利用最適化の推進	① 最先端の「スマート農業」の技術開発・実証
⑥ 機構集積支援事業	② 戦略的プロジェクト研究推進事業
(2) 多様な担い手の育成・確保と農業の「働き方改革」の推進	③「知」の集積と活用の場によるイノベーションの創出
① 農業経営法人化支援総合事業	④ 食品産業イノベーション推進事業
② 農業人材力強化総合支援事業	⑤ 次世代につなぐ営農体系の確立支援
③ 農業支援外国人適正受入サポート事業	⑥ ICTを活用した畜産経営体の生産性向上対策（再掲）
④ 女性が変える未来の農業推進事業	⑦ 開発技術の迅速な普及
⑤ 農業協同組合の監査コストの合理化の促進	4 農林水産業の輸出力強化と農林水産物・食品の高付加価値化
2 水田フル活用と経営所得安定対策の着実な実施	(1) 農林水産業の輸出力強化
(1) 戦略作物や高収益作物への転換の促進	① 海外需要創出等支援と輸出環境整備
① 水田活用の直接支払交付金	② 海外の需要拡大・商流構築に向けた取組の強化
② 農業再生協議会の活動強化等	③ グローバル産地の形成支援
(2) 高収益作物への転換のための基盤整備	④ グローバル産地づくり緊急対策
① 水田の畑地化・汎用化の推進＜公共＞	⑤ 輸出拠点の整備
② 農地耕作条件改善事業（再掲）	⑥ 輸出促進に資する動植物検疫等の環境整備
(3) 米の需要拡大等の促進	⑦ 輸出環境の整備
① コメ海外市場拡大戦略プロジェクト推進支援	(2) 規格・認証，知的財産の戦略的推進
② 米穀周年供給・需要拡大支援事業	① GAP拡大の推進
③ 米粉の需要拡大・米活用畜産物等のブランド化等	② 地理的表示保護制度活用総合推進事業
(4) 経営安定対策の着実な実施	③ 植物品種等海外流出防止総合対策事業
① 畑作物の直接支払交付金	④ 日本発規格の国際化
② 収入減少影響緩和対策交付金	(3) 農林水産物・食品の高付加価値化
③ 収入保険制度の実施	① 食料産業・6次産業化交付金
3 強い農業のための基盤づくりと「スマート農業」の実現	② 6次産業化の推進
(1) 農業農村基盤整備（競争力強化・国土強靱化）	③ 食育の推進と国産農産物の消費拡大
① 農業農村整備事業＜公共＞	④ 農林漁業成長産業化ファンドの積極的活用
② 農地耕作条件改善事業（再掲）	5 食の安全・消費者の信頼確保
③ 農業水路等長寿命化・防災減災事業	① 安全な生産資材の供給体制の整備
④ 農山漁村地域整備交付金＜公共＞	② 薬剤耐性対策
(2) 持続的な農業の発展に向けた生産現場の強化	③ 消費・安全対策交付金
① 強い農業・担い手づくり総合支援交付金	④ 家畜衛生総合対策
② 産地パワーアップ事業	⑤ 産地偽装取締強化等対策
③ 担い手確保・経営強化支援事業	6 農山漁村の活性化
④ 加工施設再編等緊急対策事業	(詳細事業名　略)
⑤ 持続的生産強化対策事業	7 林業の成長産業化と生産流通構造改革の推進
⑥ 野菜価格安定対策事業	(詳細事業名　略)
⑦ 甘味資源作物生産支援対策	8 水産改革を推進する新たな資源管理と水産業の成長産業化
⑧ 畑作構造転換事業	(詳細事業名　略)
(3) 畜産・酪農の競争力強化	9 重要インフラの緊急点検等を踏まえた防災・減災，国土強靱化のための緊急対策
① 畜産・酪農経営安定対策	(詳細事業名　略)
② ICTを活用した畜産経営体の生産性向上対策	
③ 畜産生産力・生産体制強化対策事業	
④ 環境負荷軽減に向けた酪農経営支援対策	
⑤ 草地関連基盤整備＜公共＞	
⑥ 畜産・酪農収益力強化整備等特別対策事業（畜産クラスター事業）	
⑦ 国産チーズの競争力強化	
⑧ 畜産・酪農生産力強化対策事業	
⑨ 飼料生産基盤利活用促進緊急対策事業	

資料：農林水産省「平成31年度予算の重点事項」を基に，筆者作成.

進や6次産業化等の生産サイドの取組の支援である。なお，4（2）の規格・認証，知的財産の戦略的推進の項目は，2019年度予算の重点項目として新たに明記された項目であるが，地理的表示を含む規格・認証等を活用した対策のための予算措置である。また，5は，食の安全や消費者の信頼確保のための諸対策であるが，この中には自治体・団体が行う安全性向上対策に対する補助の措置のほか，家畜伝染病の海外からの進入防止などの国が行う措置の適切な実施や表示規制を適切な実施するための分析などに関する予算措置が含まれる。

　以上，非常に大まかに農林水産関係の予算措置[13]についてみたが，その主なものは，生産サイドに働きかける施策であり[14]，高付加価値化等に関する施策も，事業者・事業者団体の生産・製造段階の取組を支援することが中心となっている。

2）許認可等の規制措置

　農林水産政策の推進においては，予算措置に加え，許認可等の規制も重要な政策手段となっている。農林水産施策における規制措置の位置付けを見るため，総務省が行っている「許認可等の統一的把握結果」[15]に基づき，政府全体の許認可等の中で，農林水産省関係の件数の推移を示したものが，第7−2表である。農林水産省関係の許認可数は，2017年度で1,770件と件数は増加しており[16]，また，政府全体の許認可数の11.4％を占める。農林水産省は，国土交通省，厚生労働省などとともに，政策手段として規制措置を多く用いている省庁に該当しているといえる。

　次に，農林水産省関係の規制の代表的な内容を整理したい。主要な規制として，まず，農業生産の重要な投入物である農地に関する規制が上げられる。この中心となる法律は農地法であり，同法では，農地を効率的に使用する者による農地についての権利取得がされるよう権利移動を許可制とするとともに，農地を農地以外のものとすることを制限し，農地の賃貸借等の利用関係の調整のための規制を設けている。この内容については，累次の改正により，株式会社による権利取得が認められるなど，規制内容の緩和が行われているが，農地が

第7－2表　府省等別許認可等数の推移

	2002.3.31 現在	2007.3.31 現在	2012.3.31 現在	2017.4.1 現在	全体に占める割合 (2017.4.1)
国土交通省	2,042	2,485	2,631	2,805	18.1 %
厚生労働省	1,543	1,936	2,263	2,451	15.8 %
金融庁	1,421	1,782	2,054	2,353	15.2 %
経済産業省	1,866	2,069	2,348	2,261	14.6 %
農林水産省	1,114	1,379	1,571	1,770	11.4 %
環境省	229	384	435	1,075	6.9 %
他 12 府省等	2,406	2,751	3,277	2,760	17.8 %
計	10,621	12,786	14,579	15,475	

資料：総務省「許認可等の統一的把握結果」より，筆者作成.
注：2017 年 3 月末現在の件数が 1,000 を超えている省庁について省庁ごとの件数を示した.

農業生産の基盤であることを踏まえ，現在も他の用途の土地と比べ厳しい規制が設けられている。

　流通面においては，代表的な規制として，かつて，米の政府への売渡義務，取扱業者の登録制等を通じて，政府が米の流通を厳格に管理する食糧管理制度が存在したが，1994 年の主要食糧の需給及び価格の安定に関する法律の制定により廃止され，現在では，取扱事業を行う者の届出義務など限られた内容を除き規制が廃止されている。また，農産物流通に重要な役割を果たす卸売市場における取引については，卸売市場法により詳細な規制が講じられていたが，2018 年の法改正によりルールの大幅な簡素化が図られた。このように，流通面の規制は，大幅に緩和・簡素化が図られてきている。

　人や動植物に関する安全確保においては，農薬や肥料に関する生産，流通，使用等に関する規制（農薬取締法，肥料取締法）や，家畜伝染病の予防や植物防疫のための規制（家畜伝染病予防法，植物防疫法）などがある。また，BSEの発生や事故米の食用への不正転売を受けて，牛や米穀のトレーサビリティのための規制が新設されている（牛の個体識別のための情報の管理及び伝達に関する特別措置法，米穀等の取引等に係る情報の記録及び産地情報の伝達に関する法律）。

　食品の表示に関しては，名称，原材料，原産地等の品質表示について，農林

物資の規格化及び品質表示の適正化に関する法律による表示規制が行われていたが，2013年の食品表示法の制定により，食品衛生法で定められていた添加物，栄養成分等の表示規制とともに，消費者庁において，一元的に規制されることとなった。この食品表示については，生鮮食品の原産地や加工食品の原料原産地の表示義務化など，表示内容の充実が図られてきている。

3）その他の措置（啓発的手段）

　農林水産施策においては，上記の予算措置や規制措置以外に，情報の提示等によって対象者の行動に働きかける啓発的な施策がとられている。このような政策手段の代表的なものとして，1.（3）でも述べたJAS制度がある。既に述べたように，JAS規格は，全国一律で品質・仕様を標準化し，粗悪品の排除を目指すことを主目的とするものである。中嶋康博は，規格を，「私的自主的規格」（各メーカーが自ら定める私的な規格としてのブランド），「公的自主的規格」（各メーカーのブランドが一定のマーケットシェアを獲得した結果，標準化したデファクトスタンダード），「公的義務的規格」（標準化された規格を公的なルールによって定めて規格の乱立を制限するもの）に3区分しているが（中嶋，2004：174-175），この区分に従えば，JAS規格は「公的義務的規格」に該当する。同様に，農産物検査法に基づく米等の等級の規格も，公的義務的規格である。このように，これまでとられてきた「規格」に関する政策は，全国一律で標準化された規格に適合していることを情報として伝え，取引の安全等に資することを目的とするものであって，地域ごとの多様な規格（ブランド）を前提に，数多くの規格の産品から消費者等が特定のブランドを選択する場合に有用な情報を提供することを主目的とするものではないと考えられる。なお，2）で規制措置として記載した食品の表示規制についても，消費者に対して食品に関する情報を伝える点で，啓発的手段の性格も有する。

　一方，個別の産品ではなく，食生活全般についての情報を伝える施策の代表的なものとして，「食育」に関する情報提供がある。「食育」は，様々な経験を通じて「食」に関する知識と「食」を選択する力を習得し，健全な食生活を実

現することができる人間を育てること[17]とされているが，これを実現するため，望ましい食生活に関する情報など様々な情報提供が行われている。第7－1表の予算の重点事項では，4（3）③に「食育の推進と国産農産物の消費拡大」の事業があるが，食育等に関する情報発信は，地産地消等を通じて，国産農産物の消費拡大の目的も持っている。

（2）現在とられている農業振興施策を踏まえた政策手段の類型化

（1）で，農林水産施策としてとられている施策を非常に大まかに整理した。このうち，予算措置については，生産者の行動を金銭面で支援し，その行動を一定の方向に誘導しようとする施策が主となっているが，一部には国自らが行う規制措置等を適切に行うための予算上の手当や，消費者等への啓発活動を行うための措置が含まれる。また，生産者への金銭的支援には，農業生産基盤整備事業のように，国の直営，県営，団体営と実施主体は様々ながら，全体として農業の生産基盤整備を支援する事業もある。

第1章の先行研究の整理でふれたように，政策手段の類型区分に関しては，様々な考え方がある。本書では，政府が実施する政策手段の共通の特徴に注目する観点から，主に政府が使用する資源・力によるアプローチを踏まえ，政策を類型化し分析を行う。このようなアプローチの代表的なものとして，C. Hood は，政府の持つ資源を，「情報の結節点にいること（Nodality）」，「資金」，「権威」，「組織」に4区分し，これによって政策手段を分類している（Hood, 1983；Hood and Margetts, 2007）。

先に述べたように，農業振興施策を概観した場合，農業生産基盤事業のように，同一の事業で「資金」（県営・団体営の事業）と「組織」（国直営の事業）が合わせて用いられる場合があり，また，「権威」を用いた安全規制等についても「組織」等が必要であることから，特に「組織」の手段を区分することが難しい面がある。このため，先行研究の整理で述べたとおり，E. Vedung が，コントロールを行う力としての，強制的な力，利益による力，規範的な力の3区分に対応して，政策手段を，「規制」，「経済措置」，「情報」の三つに区分し

ていることを踏まえ（Vedung, 1998：27-34），この３区分によって農業振興
施策の中での地理的表示の意義等を分析することとする。なお，Hood の４区
分のうち，前３者は，Vedung の分類の「情報」，「経済措置」，「規制」にほぼ
対応し，残りの「組織」については，どのような政策手段を政府がとるにせよ
必要となる条件と整理可能である。

（3）地理的表示保護の政策手段類型上の位置付け

　我が国の地理的表示保護制度の大まかな仕組みは，①生産地域に起因する特
徴のある農林水産物等の名称を，生産地域，生産方法，品質等の基準とともに
登録・公示し，②基準に適合する産品以外には，登録名称の使用を禁止し，③
地理的表示に該当する産品について，基準適合の確認措置を講じた上で，特別
のマーク（GI マーク）をつけて流通させるとともに，生産者団体からの国へ
の報告及び国による検査等によって基準適合を確認し，内容の適切性を担保す
るものである。上記の政策手段の３区分に従えば，②の部分は生産業者，流通
業者を対象とした「規制」という政策手段である。また③の部分は，消費者等
の需要者に対する正確な情報の伝達確保を通じて，消費者等の選択行動を促す
措置であり，「情報」という政策手段となる。なお，①の部分は，②及び③を
講じるための前提となる措置である。

　地理的表示の「保護」である以上，地理的表示が示す産品以外について，当
該地理的表示の使用を禁ずるのは，地理的表示保護の必須の要素である。一
方，基準に適合した産品であること等の情報を消費者等に伝えるのは，必ずし
も必須の要素ではない。実際，TRIPS 協定の地理的表示保護の条項において
求められているのは不正表示を防止する手段の確保であって，これを踏まえて
制度化された我が国の酒類の地理的表示保護制度においても，当初は，地理的
表示の指定の告示では産地の地域だけが示され，特性や製法等は示されておら
ず，また，専ら，事業者に対する表示規制の内容を定めるのみであった。な
お，第２章で述べた米国の証明商標制度による地理的表示保護も，政府がとる
措置としては，権利者以外の者についての名称使用を禁ずるものであり，地理

的表示が示す内容についての情報提供は権利者に任せているという点で，「規制」のみによる政策手段とも考えられる。

　これに対して，EU の地理的表示保護制度や我が国の農産物・食品の地理的表示保護制度は，政府の措置により消費者に情報を提供し，消費者の選択により，付加価値を向上させることが重視されている。第3者機関による基準遵守の確認か，政府の監督下での生産者団体による確認かの違いはあるが，品質管理措置を制度に組み込むことにより，情報の信頼性を高める措置が講じられており，「情報」という政策手段がこれらの保護制度の特徴と考えられる。政府が情報の結節点であることを活かして，情報の信用力を高めた上で，消費者に情報を伝える政策手段となっている。

　第7−3表は，地理的表示保護，その他の食品等の表示及び食品以外の地域特産品の保護についてとられている政策手段を，「規制」，「経済措置」，「情報」の3区分から分類したものである。我が国及び EU の地理的表示保護制度については，品質等の基準担保に政府が関与し，その情報をマークにより伝えることによって，消費者に訴えかけその行動を促す内容となっている。既に述べたように，酒の地理的表示保護については，制度改正前は，基本的に，真正な産地以外で生産された産品に対して表示を禁止する内容にとどまっていたが，2015 年の制度見直しにより，地理的表示の指定の際に，名称と産地の範囲とともに，特性，製法，特性を維持するための管理に関する事項等の生産基準を定めることとされ，その内容が公告され，特性の維持のための管理が必要となった。また，地理的表示を使用する場合は，「地理的表示」，「GI」等の地理的表示であることを明らかにする文字を併せて使用することとされた。これらの改正を通じ，基準に従ったものであることが地理的表示を示す表示により伝達されるようになっており，「情報」という政策手段の要素を高めている。また，地域団体商標制度については，法制度上は，政府が情報提供を行う仕組みはないが，特許庁では，登録産品を紹介する冊子の作成，地域団体商標を示すマークの作成等により，「情報」の提供を行っている。ただし，マークは地域団体商標に登録されたことを示すのみであり，地理的表示保護制度と異なり，

第7-3表 地理的表示保護等においてとられている政策手段

	規制	経済的措置	情報
農産物・食品の地理的表示保護制度	基準に適合しない産品に地理的表示及びマークを使用することの禁止	—	基準を公示し，政府関与のもと基準適合の担保措置をとった上で，地理的表示を使用 GIマークの使用
酒の地理的表示保護（2015制度改正前）	真正な産地以外で生産されたものへの地理的表示の使用禁止	—	「情報」の要素は乏しい（注1）
酒の地理的表示保護（制度改正後）	基準に適合しない産品に地理的表示及び地理的表示であることを明らかにする表示マークを使用することの禁止	—	基準について公示し，基準に適合するものについて地理的表示を使用 地理的表示であることを明らかにする表示を使用
EUの地理的表示保護制度	基準に適合しない産品に地理的表示及びマークを使用することの禁止	—	基準を公示し，公的機関自らまたは権限を与えた第3者機関による基準適合の担保措置をとった上で，地理的表示を使用 マークの使用
米国の証明商標による地理的表示保護	権利者から許諾を受けた者以外の商標の使用禁止	—	—
地域団体商標制度	権利者及びその構成員以外の商標の使用禁止	—	—（注2）
伝統的工芸品の振興	—	認定を受けた計画に基づく，後継者確保，品質改善，需要開拓等の振興措置に対する，補助，税制特例等	伝産マークの使用
JAS制度	JAS規格による格付けをしたもの以外へのJASマークの使用禁止	—	規格内容の公示 JASマークの使用

資料：筆者作成.
注(1) 地理的表示であることを示す表示はない．製法については国税庁長官から国税局長等宛の通知で示されるのみ.
注(2) 制度上，権利者に任されているが，特許庁は，事例を紹介する冊子や地域団体商標を示すマークを作成.

一定の品質基準への適合が確認されたものであることを示すものではなく，消費者に訴えかける内容としては限定的なものと考えられる。

　さらに，伝統的工芸品の振興に関する法律に基づき，伝統的工芸品の振興のためとられている措置は，経済産業大臣による認定を受けた振興計画等で定め

られた取組に対する補助金の交付など，基本的に「経済措置」である[18]。このような計画認定を行い，計画に従った事業実施に対し経済的支援を講ずる施策は，中小企業対策等の分野で従来から用いられてきた方策であり，伝統工芸品振興施策においても，これと同様の手法がとられたものと考えられる。

　「情報」の政策手段に分類されるJAS制度については，品質等の規格への適合したもの以外へのJASマークの使用を禁止する一方，規格への適合を保証し，消費者の選択に資する点では地理的表示保護制度と同様の仕組みである。ただし，基本的に規格は全国一律のものであり，生産者集団・地域により様々に異なる品質等の内容の信頼性を高め，消費者がその中から自らの嗜好に合ったものを選ぶための情報を提供するといった性格は薄い。

　このように，我が国の地理的表示保護制度は，特産品振興等を目的とした施策で多くとられている「経済措置」や「規制」とは異なり，EUの制度に学びつつ，「情報」を中心としている点に特徴がある。

（4）「情報」の政策手段としての地理的表示保護制度の意義

　（3）までで，現在とられている農業施策を概観し，その政策を類型化した。経済措置，規制に該当する手段については，生産者の行動に関与し，望ましい方向への誘導，又は義務付けをする施策が主となっている。また，情報の政策手段について，JAS規格等による施策は，全国的に統一された規格への適合に関し情報提供を行うものとなっている。

　これに対し，地理的表示保護は，①施策の対象として，消費者の選択に働きかける施策，②全国統一でなく地域ごとの多様な品質等の内容（規格）についての情報提供，③施策実施の活動体制について，市場での価格形成に向けた事業者の取組を公的主体が補完，という点に特色がある。

　第1点目については，例えば高品質化のための政策においても，従来からの施策が，主として，生産者の高品質化に向けた生産段階の取組を支援するものであるのに対し，地理的表示保護制度は，既に一定の品質等を有する産品が生産されていることを前提に，その内容が消費者に的確に伝達される仕組みを整

え，高い評価を得ることを目的としていることが特徴である。こういった消費者に働きかける施策は，生産サイドへの対策を中心とした予算額が減少・頭打ちする一方，生産・流通面での規制緩和が図られる中で，今後，重要度を増していくものと考えられる。

　第 2 点目の多様な情報提供については，地理的表示保護制度では，各地域で様々な地域独自の特性を持つ産品があり，品質等の内容はそれぞれの産地団体が定めた自主的なものが前提となることに特徴がある。その意味で，（1）3）で述べた中嶋の規格の 3 区分に従えば，標準化された規格を公的なルールによって定めて規格の乱立を制限する「公的義務的規格」ではなく，事業者が定めた「私的自主的規格（ブランド）」を前提とし，それを公的に確認して，情報を伝える仕組みである。消費者ニーズの多様化が指摘されて久しい[19]が，多様な規格を前提にする本制度は，多様化・複雑化する消費者ニーズに応え得るものといえる。

　第 3 点目の施策の実施体制については，第二点目とも関連するが，その地域の事業者ごとに異なる規格（ブランド）を通じ，市場によって価格形成がなされることを基本としながら，公的主体が関与することによって，ブランドの信用力を補完しようとするものであることに特徴がある。その意味で，地理的表示保護制度は，民間の取組を前提としながら，官がその機能を補完するものといえる。新山陽子は，食品表示に関し，社会的に確保されるべき食品の安全性等にかかわる情報の信頼性は公的規制の領域に，それ以上のレベルの安全性とその他の品質にかかわる情報の信頼性は民間秩序の領域に委ねられてきたとした上で，状況変化による民間秩序領域から公的規制領域への境界の引き直しがあることを指摘する一方，品質による誤認の不利益が大きい場合などに対象を民間の秩序領域においたままで公的制度を導入する場合があることを指摘している[20]（新山，2004：137-140）。また，高品質，固有，多様な国内産品に対する品質のコンヴァンシオン（合意），そうした多元的な品質の規定の正当化の確立が課題とする（新山，2000：57）。導入された地理的表示保護は，ここで指摘された「民間の秩序領域においたまま公的制度を導入」し，「品質の規

定を正当化」する施策の代表的なものといえる[21]。具体的には，基準は民間が作成した上で官が妥当性を審査し，日常の基準適合の確認は民間が行うとともにその実施内容を官がチェックし，名称の不正使用に対しては官が取り締まる形である。

　官と民の協同について，村上裕一は，規制領域において，官民協同による社会管理（規制）の「システム」の出現を指摘しているが[22]（村上，2016：8），地理的表示保護制度は，民間の秩序領域に官が関与するという，別の形での官民協同のシステムが構築されているのである。

　以上にあげた特徴は，他の農業施策においても見られるようになっている。例えば，2017年のJAS法の改正においては，JAS規格の対象が，モノの品質から，モノの生産方法，試験方法，事業者による取扱い方法などにも拡大された。これにより，伝統的な製法によって作られた抹茶の規格など，強みのアピールにつながる多様なJAS規格の制定が目指されることになり，特色JASマークが新設された[23]。同時に，規格の作成手続については，事業者等から規格案を提出しやすい手続が整備され[24]，官民連携の体制で規格制定を行うことが志向されている[25]。消費者に多様な内容を働きかけ，事業者や地域のブランド化を目的に，官民協同で対応するという点で，地理的表示保護と同様の特徴が見られる。なお，農業施策分野ではないが，酒類の地理的表示についても，2015年の改正後，告示上では基準を国税庁長官が定めることとしているものの，運用上[26]，産地からの申立に基づき酒類製造業者等の生産基準等の意見を勘案して行うこととされるとともに，特性維持の管理は事業者団体が行うこととした上で，消費者に情報が伝わる仕組みを整えており，情報という政策手段に関し官民協同での対応が見られる。

　ここで，食品等の特徴に関する情報を消費者に伝え，その選択に資する表示という点で，地理的表示との共通点を有する，特定保健用食品と機能性表示食品の表示についてふれておきたい。食品表示法に基づく食品表示基準においては，特定保健用食品，機能性表示食品等の保健機能食品以外の食品については，特定の保健の目的が期待できる等の表示は禁止されている（食品表示基準

第7－4表　飲食料品の表示制度等における官民関係

	地理的表示保護制度	酒の地理的表示保護制度	JAS制度	農産物検査制度	食品表示法に基づく表示規制	特定保健用食品の表示	機能性表示食品の表示
制度目的	農産物・食品の地理的表示保護	酒の地理的表示保護	農林物資の規格化	農産物の規格化・標準化	表示義務づけによる適正な表示	特定の保健目的が期待できる食品の表示	機能性関与成分により特定の保健目的が期待できる食品の表示
基準の策定等	事業者団体(制定、変更は国の審査)	国	国	国	国(表示事項に関する基準)	国の許可	事業者が，科学的根拠を添えて，国に届出
基準策定に関する申出	(事業者団体が作成して登録申請)	原則，事業者団体からの申立必要	都道府県又は利害関係人の申出が可能	なし	適切な措置について，何人も申出が可能	－	－
基準適合の確認	業者団体(確認の状況を国がチェック)	原則，事業者団体。日本酒は国	登録認証機関の認証を受けた事業者(2005年改正前は，都道府県，独立行政法人及び登録格付け機関による格付けあり)	登録検査機関(2000年改正前は国)		事業者(国の立入検査，許可取消あり)	事業者(届出事項として品質管理等に関する情報が含まれる)
不正表示への対応	国	国	国	国	国 適格消費者団体(差止請求権)	同左	同左
通報制度, 国の応答	あり(何人も可能)	なし	あり(何人も可)	あり(何人も可能)	あり(何人も可能)	同左	同左
根拠法規	特定農林水産物等の名称の保護に関する法律	酒税の保全及び酒類業組合等に関する法律に基づく告示	農林物資の規格化等に関する法律	農産物検査法	食品表示法，同法に基づく食品表示基準	健康増進法及び食品表示法に基づく食品表示基準	食品表示法に基づく食品表示基準

資料：筆者作成.

第9条第1項第10号等)。特定保健用食品及び機能性表示食品に該当すれば，この禁止規定が適用されず，健康の維持・増進に役立つという食品の機能性を表示することが可能となる。このうち，特定保健食品については，消費者委員会及び食品安全委員会の意見を聞き，表示される効果や安全性について審査した上で，食品ごとに内閣総理大臣(消費者庁長官)が許可する仕組みである。一方，機能性表示食品については，事業者が食品の安全性と機能性に関する科学的な根拠等の事項を，販売前に消費者庁長官に届け出ることにより，機能性の表示が可能となる仕組みである。届出事項について形式的な確認は行われるが，実質的内容は審査されない。実質的な品質の保証について国は関与せず，事業者の責任によって表示を行う仕組みとなっている。この機能性表示食品については，機能性の科学的根拠が弱いものが目立つ，品質保証が適正に行われ

ているか評価できない等の問題点が指摘されている（松永，2015：31-35）。
なお，特定保健用食品及び機能性表示食品とも，食品表示法に基づく食品表示
基準に位置付けられた仕組みであり，不正表示に関しては，指示，罰則等の国
の対応が措置されている。

　第7－4表で示すとおり，食品等の品質に関わる表示に関し，官民の役割分
担は様々となっており[27]，官民がどのように役割分担をして消費者の信頼を高
めることが適切か，表示の内容や制度実施後の状況も踏まえて，今後も検討し
ていくことが必要と考えられる。

（5）食品表示以外の分野での「情報」の政策手段の活用

　（4）まででは，農業振興施策及び食品の表示に関する分野における，地理
的表示保護制度の位置付け・意義を見てきたが，以下では，これ以外の分野も
含めて，「情報」の政策手段が，官民の役割分担の下，どのように活用されて
いるか整理しておきたい。

　「情報」の政策手段は，特に環境分野において，行政リソースの不足を補充
する手段として注目されていることから（北村，2009：190等），まず，環境
分野での具体例をあげる。環境省の環境ラベル等データベース[28]では，環境ラ
ベル等について，国及び第3者機関による取組22事例，事業者団体等による
取組17事例，事業者による取組12事例，地方公共団体の制度60が紹介され
ている。このうち，国が主体となっているものが7事例（カーボン・オフセッ
ト認証ラベル，カーボン・ニュートラルラベル（以上環境省），国際エネルギー
スタープログラム，省エネラベリング制度，統一省エネラベル（以上経済産業
省），燃費基準達成車ステッカー，低排出ガス車認定（以上国土交通省））ある。

　各省の取組を一つずつあげると，まず，環境省が主体のカーボン・オフセッ
ト認証ラベルについては，温室効果ガスの排出量の削減や他所での削減による
埋合せの取組の信頼性を確保するため，環境省の定めた認証基準により第3者
機関が認証し，マークを付す仕組みである。ただし，この認証については，認
証を通じて実施方法が定着し，民間企業等が独自にカーボン・オフセットに取

り組む基盤が整備されたとして，2017年3月末で新規の認証を終了しており，今後は民間主導による取組に移行するとともに，カーボン・オフセット製品等の「賢い選択」を促す普及啓発活動を推進するとされている[29]。

　経済産業省が主体の国際エネルギースタープログラムについては，オフィス機器の稼働時及びスリープ・オフ時の省エネルギー化を図るため，日米共通で定めた基準[30]に適合することを，自社又は第3者機関が確認し経済産業大臣に届出を行った上で，マークを付す仕組みである[31]。参加事業者は，製品の確認前に経済産業大臣への事業者登録が必要である。対象となっている製品については，必要に応じ，経済産業大臣が調査し，報告を求め，また，事業者登録の取消の措置により，適正な表示を担保している。

　国土交通省が主体の燃費基準達成ステッカーは，燃費性能の高い自動車の普及を促進するため，国土交通省・経済産業省が目標年度ごとに定めた自動車の燃費目標基準に適合することを，国土交通大臣が評価し，マークを付す仕組みである。目標基準については，総合資源エネルギー調査会省エネルギー基準部会自動車判断基準小委員会・交通政策審議会陸上交通分科会自動車部会自動車燃費基準小委員会合同会議の審議を経た上で決定される。不正の手段により評価を受けた場合，評価の取消が行われる。

　次に，第3者機関が主体となっている環境マークの代表的なものとして，エコマークについて述べると，エコマークは，環境保全に役立つ商品の選択に資するため，商品類型ごとに定められた基準に適合することを，第3者機関である（公財）日本環境協会が認定し，マークを付す仕組みである。基準は，有識者から構成される委員会で案を策定し，専門的見地からの精査・検証を経て，事務局が制定する。認定やその後の管理については，日本環境協会が実施する。国として，基準の設定や制度の実施に直接関わってはいないが，「国等による環境物品等の調達の推進等に関する法律」（グリーン購入法）に基づく基本方針[32]において，調達の際，エコマークなどの第3者機関による環境ラベルの情報の十分な活用を図ることを定めるとともに，エコマーク基準が基本的にグリーン購入法基準と同等又はそれ以上であることを示す[33]ことにより，国も

情報の信頼度の上昇や制度の推進に一定の役割を果たしている。

　環境以外の分野として，電気用品の安全に関する情報提供について見ておく。電気用品安産法においては，対象となる電気用品について，販売時にPSEマークの使用を義務づけている（同法第27条）。この電気用品のうち，特に危険・障害の発生するおそれが多いものは「特定電気用品」として指定され，特定電気用品以外の電気用品については，経済産業省が定める技術基準に適合することを自ら検査し，特定電気用品については，これに加えて経済産業大臣の登録を受けた第3者機関による基準適合の検査を受けた上で，それぞれ異なるPSEマークを付すこととされている。PSEマークを付さずに電気用品を販売した場合や技術基準に適合しない電気用品を販売した場合は，経産大臣が危険等防止命令を行い，不正表示や命令違反等に罰則を設けること等によって，電気用品の安全確保と適正な情報提供を担保している。なお，電気用品の安全に関しては，このほか，技術基準等への適合について民間の第3者機関が認証し，マークを付す自主的な仕組みとして，Sマーク認証がある。

　（2）及び本項で述べた「情報」の政策手段について，基準や内容の設定を誰が行っているかについて3区分（国，民間が策定し国が審査，民間），基準適合の確認を誰が行っているかについて2区分（国，民間[34]），取締，報告，取消等により，不正使用への対応を誰が行っているかについて2区分（国，民間）をし，その組合せによって分類したものが，第7－5表である。区分の要素のうち，基準等の設定方法については，マーク等が示す情報内容の適切性，正当化に関わるものであり，基準適合の確認や不正使用の対応については，その内容どおりの表示がされているかに関わるものであり，いずれも，その情報が情報受信者にとって信頼できるものであるかに影響を及ぼす。ここで取り上げた「情報」の政策手段については，国が基準を設定・又は国が関与して基準を設定し，基準適合については民間が行いつつ，不正表示等が行われた場合は国が対応するという形をとる仕組みが，比較的多かった。これは，国が基準を設定等することで，情報内容の正当化を図りつつ，通常の制度の実施には民間の力を活用し，問題が生じた場合に国が対応することで，情報の信頼度を上げ

第7−5表 「情報」の政策手段に関する官民の役割分担

基準等の設定	基準適合の確認	遵守状況の担保（取締り等）	例
国	国・国から権限を与えられた機関	国	燃費基準達成車ステッカー，PSEマーク（特定電気用品），かつてのJAS制度（注1）
		民間	
	民間	国	酒の地理的表示保護，JAS制度，国際エネルギースタープログラム，PSEマーク（特定電気用品以外）（注2）
		民間	カーボン・オフセット認証制度
民間策定の内容を国が審査	国・国から権限を与えられた機関	国	EUの地理的表示保護
		民間	
	民間	国	農産物・食品の地理的表示保護，特定保健用食品
		民間	
民間	国・国から権限を与えられた機関	国	
		民間	
	民間	国	機能性表示食品
		民間	エコラベル，GAP認証

資料：筆者作成.

注(1)　2005年法改正前は，事業者が行うJAS規格による格付けのほか，都道府県，独立行政法人及び登録格付け機関による格付けが規定されていた.

注(2)　1999年法改正前は，乙種電気用品（現在の特定電気用品以外の電気用品に相当）については，基準適合の自己検査義務はあったものの，マーク表示の義務がなかった．なお，第3者機関による基準適合の確認を受けたことを示すものとして，Sマークの仕組みが設けられていた（Sマークは現在も存在）.

る仕組みと考えられる。一方で，国が基準設定等に関わらない場合は，内容の正当化を図るための措置がとられていることが多い。具体的には，有識者による審議（エコマーク等），科学的根拠の提示（機能性表示食品等），国際的な基準の採用[35]などである。ただし，既述したように，機能性食品表示のように，その措置で十分かどうかについては疑問が呈されているものもある。

　以上のように，様々な形で，官民が役割分担しながら情報の信頼性を高め，適切な執行を確保する仕組みが講じられているが，情報が有効に機能するためには，これに加えて，その情報に対して情報受信者が注意を払い，意味を認知することが必要である。このような観点から見ると，情報受信者に十分な認知

を得ていないマーク等もあると思われ，次章で地理的表示保護制度について具体的に検討するように，情報受信者の認知等を高める手法の検討が必要と考えられる。

3．小括

　本章では，地理的表示保護制度について，施策の目的から見て，これまでの農業振興施策の中心であった大規模化による生産コスト低減とは異なる方向の施策であり，差別化による付加価値向上を図る施策であること，また，これまでの品質政策での全国一律の品質の標準化・改善を目指す施策とは異なり，地域の特異性による差別化を図ろうとする施策であることを整理した。こういった点から，本制度は農業政策の変化の表れとしてとらえることが可能である。

　次に，政策手段の類型から見た分析を行い，現在の農業施策を概観した上で，政策手段を「規制」，「経済措置」，「情報」に3区分し，地理的表示保護の「情報」の政策手段としての位置付けを検討した。これにより，本制度について，①消費者への働きかけ，②多様な規格（情報）の提供，③民間の取組を前提としつつ，これを官が補完し，情報の信頼度を高めるといった特徴を整理し，施策の「対象」，「情報の内容」，「施策実施の活動体制」からの特徴について分析した。加えて，地理的表示保護制度と同様に「情報」の政策手段である他分野の施策についても，官民の役割分担の状況など，同制度との比較の観点から整理を行い，地理的表示保護では他の「情報」の政策手段とは異なる役割分担が行われていることを示した。

注(1)　ただし，「食料の安定供給の確保に関する施策」が「農業の持続的な発展に関する施策」と並ぶ基本的施策として位置付けられており，ここでは，衛生・品質管理の高度化，食品表示の適正化等食料消費に関する施策の充実，食品産業の健全な発展，不測時における食料安全保障等の措置が規定されている（食料・農業・農村基本法第15条から第20条）。
　(2)　農林水産省（1992）「新しい食料・農業・農村政策の方向」（1992年6月農林水産省取りまとめ・公表），http://www.maff.go.jp/j/kanbo/kihyo02/newblaw/hoko.html（2019年10月18日参照）。

なお，ここには概要しか記載されていない。全文を掲載し，その解説をしたものに，日本農業新聞編（1992）等がある。

⑶ 地域資源を活用した農林漁業者による新技術の創出等及び地域の農林水産物の利用促進に関する法律（六次産業化法）前文。

⑷ JAS 制度の目的，歴史などについては，農林法規研究委員会編『農林法規解説全集（農林経済編 3）』p.3311 以下を参照した。

⑸ なお，詳細は 2（4）で述べるが，JAS 制度については，2017 年に，規格の対象をモノの品質からモノの生産方法や取引方法まで拡大するとともに，産地・事業者の強みのアピールにつながる JAS 規格が制定されることを目指した法改正が行われており，従来の品質の平準化に加え，事業者や地域の差別化・ブランド化に資することも目的とする制度に変更されている。

⑹ 内容については，農林法規研究委員会編『農林法規解説全集（食糧編）』p.1701 以下を参照した。

⑺ ブランドの保護活用を図るため，商標登録や地理的表示保護制度の活用についてもふれられている。

⑻ 登録品種数は，2019 年 3 月末現在で 27,396。データは，農林水産省「品種登録の状況」による。http://www.hinshu2.maff.go.jp/tokei/tokei.html（2019 年 10 月 18 日参照）.

⑼ もちろん，都道府県，市町村等の自治体レベルでは，当該地域の特産物の認証制度など，地域の独自性を重視した施策は講じられてきた。

⑽ 予算額のピークは 1982 年の 3 兆 7,010 億円であり，一般歳出に対する割合は，11.3 ％であった。

⑾ 農林水産省「平成 31 年度農林水産関係予算の重点事項」，http://www.maff.go.jp/j/budget/attach/pdf/31kettei-111.pdf（2019 年 10 月 18 日参照）.

⑿ 例えば，水田に対するかんがい排水施設の整備については，受益面積 5,000ha 以上を国営で，200ha 以上を県営で行うことになっている。2019 年度の農業農村整備事業費 3,260 億円のうち，国営かんがい排水事業の予算額は，1,105 億円を占める。

⒀ なお，農業者に対する支援措置としては，予算措置以外にも，日本政策金融公庫による低利・無利子融資，農業近代化資金等の利子補給による低利融資などの金融措置や，税制措置が講じられているが，ここでは割愛した。

⒁ 主に生産サイドに働きかける施策としては，農林水産関係予算の重点事項の 1（1）農地中間管理機構による農地集積・集約化と農業委員会による農地利用の適正化 630 億円（他項目で重複して計上されているものを除く。以下同じ。），2（1）戦略作物や高収益作物への転換の促進 3,300 億円，3（1）農業農村整備事業 3,260 億円，3（2）持続的な農業の発展に向けた生産現場の強化 696 億円，3（3）①畜産・酪農経営安定対策 2,224 億円等があげられるが，これらの合計額は 1 兆 2,848 億円となり，農林水産省予算の過半を占める。なお，水産，林野関係予算を除いた額は約 1 兆 8 千億円であり，これに占める割合は，約 7 割である。

⒂　総務省が，「昭和 61 年度に講ずべき措置を中心とする行政改革の実施方針について」（昭和 60 年 12 月 28 日閣議決定）に基づき，各府省等の協力を得て実施しているものであり，法律，政令，省令及び告示において「許可」等の用語を使用しているものの根拠条項等の数を把握し，公表している。最新では，2018 年 6 月 19 日に，2017 年 3 月末現在の状況が公表されている。総務省「許認可等の統一的把握結果」，http://www.soumu.go.jp/main_sosiki/hyouka/hyouka_kansi_n/kyoninka.html（2019 年 10 月 18 日参照）.

⒃　「許認可等の統一的把握結果」では，根拠条項数は法令の規定の仕方により変動するため，規制の総量として捉えることは必ずしも適当でないとされている。また，許可，認可等の強い規制の割合が低下し，届出等の弱い規制の割合が増加している傾向が示されている。

⒄　食育基本法前文。

⒅　伝統工芸品として指定されていることの表示（伝産マーク）を付せるとの規定があるが（伝統的工芸品の振興に関する法律第 20 条），この表示については，全く浸透しておらず，消費行動につながっていないと指摘されている（経済産業省（2008）「産業構造審議会伝統工芸品産業分科会（第 5 回）議事要旨」），http://warp.da.ndl.go.jp/info: ndljp/pid/286890/www.meti.go.jp/committee/summary/0002466/index05.html（国立国会図書館インターネット資料収集事業（WARP），2019 年 10 月 18 日参照）.

⒆　例えば，中嶋（2004：175-177）など。

⒇　新山は，有機農産物等の JAS 規格についても，任意表示の分野に公的制度を導入しているという点で，地理的表示保護制度と同様に，民間秩序領域と公的規制領域の接合領域にある施策であるとする。接合領域にある施策という点で共通するが，全国統一的な規格に標準化しようとする JAS 規格と地域ごとの特異性のある内容を前提とする地理的表示保護制度では，後者の方が，より個別の民間の取組を補完する性格が強いといえる。例えば，鶏に関して，JAS 規格では，地鶏の規格が定められ，在来種由来血液百分率 50 ％以上，75 日以上飼育などの全国統一の規格が定められる。一方，地理的表示保護制度では，奥久慈しゃも，東京しゃもといった生産地域により特異性を有する鶏について，それぞれの生産方法，特性等が生産者団体から申請され，審査を経て登録される。

(21)　ただし，審査を経た上で登録された，産地，生産方法，品質等の基準は公的規制の根拠となるものであり，その意味で公的な基準となっていると考えられる。その変更についても変更登録の手続が必要であり，生産者団体の意向によってだけで変更できるものではない。

(22)　村上は，規制領域において，市場原理を通じた統制メカニズムが新たな行政統制原理であり得ることも指摘している（村上，2016：293）。

(23)　EU では，原産地とは関係なく，伝統的な製法に基づく生産された生産物を認証し，特別のマークを付す「伝統的特産品保証（TSG: Traditional Specialty Guaranteed）」の仕組みがあり，ハモン・セラーノ等が登録されている。同制度は，PDO や PGI と同一の規則で規定され，明細書の作成や第 3 者による基準遵守の確認などの品質保証の仕組みも同

一であり，EU の品質政策の一環をなしている。新しい JAS 規格の仕組みはこの TSG と同様の機能を果たすと考えられる。

⑷ 改正前から民間が提案を行う仕組みがあったが，従来，民間の提案に基づき規格が制定された実例がなかった。

⑸ 農林水産省「JAS 制度の見直しについて」，
http://www.maff.go.jp/j/jas/attach/pdf/h29_jashou_kaisei-6.pdf（2019 年 10 月 18 日　参照）．

⑹ 「酒類の地理的表示に関する表示基準の取扱いについて」（平成 27 年 10 月 30 日付け国税庁長官通達）により，制度の運用が示されている。

⑺ 以上にあげたもののほか，民間団体が行っている農産物・食品関係の認証制度として，GAP 認証がある。GAP とは，適正な農業生産工程管理を意味し，その認証主体や基準により，JGAP，ASIAGAP，GLOBALG.A.P などがある。基準の設定，認証等の運営については，それぞれの運営主体である民間団体が行う。なお，GAP 認証取得は，東京オリンピックの食材調達要件の一つとなっている。

⑻ 環境省「環境ラベル等データベース」，
https://www.env.go.jp/policy/hozen/green/ecolabel/（2019 年 10 月 18 日参照）．

⑼ 環境省（2016）「今後のカーボン・オフセット認証等について」，
http://offset.env.go.jp/document/news/future_carbonoffset.pdf（2019 年 10 月 18 日　参照）．

⑽ 日本の基準は，経済産業省が制度運用細則により設定。なお，日本，米国のほか，EFTA，カナダ，台湾等が参加する国際的な制度となっている。

⑾ 米国では 2011 年より，自己認証から第 3 者認証の仕組みに移行し，これに伴い，両国間の相互承認が廃止されている。

⑿ 「環境物品等の調達の推進等に関する基本方針」（平成 31 年 2 月 8 日変更閣議決定）．

⒀ 環境省「グリーン購入法　Q & A」，
http://www.env.go.jp/policy/hozen/green/g-law/q&a.html（2019 年 10 月 18 日参照）．

⒁ より細分化すれば，自己認証と第 3 者認証に区分されるが，分類が煩雑化するため，ここでは，官民の役割分担の観点を重視し，国から特段の権限が与えられていない場合は，民間でひとまとめとした。

⒂ 環境ラベル等データベースにおいて，第 3 者機関による取組として紹介されている事例のうち，MSC 認証制度（漁業認証と CoC 認証－「海のエコラベル」），FSC 認証制度（森林認証制度）などで，多数国の関係者の参加の下で策定された基準による認証が行われている。

第8章　地理的表示保護制度の実施

　前章では，これまでの農業振興施策の経緯や，現在とられている施策の類型の視点から，地理的表示保護制度を分析し，農業政策上，新しい政策手段として位置付けられることを整理した。

　本章では，制度創設以後の本制度の実施に関して，登録の現状や制度への期待・効果を整理するとともに，これまでの制度の実施上生じた問題点等を整理し，今後の効果的な制度実施のため解決すべき課題を明らかにする。

1．登録の実績と登録による効果等

（1）登録等の実績と登録を行う上での課題

1）登録の状況

　地理的表示保護制度は2015年6月に施行されたが，その後の登録状況は第8−1表のとおりであり，2020年度末までに107産品が登録されている。登録は徐々に増えているが，地域団体商標制度では，施行後3年間で400件を超える登録（うち過半数が農林水産物・食品）が行われたことに比べれば，登録数は必ずしも多くない。産品の種類としては，野菜類が36産品，果実類が17産品，牛肉が10産品を占める。登録産品には，神戸牛，宮崎牛，夕張メロンといった知名度が高く全国的に流通しているものが含まれる一方，一部伝統

第8−1表　地理的表示の登録数の推移（累計）

2015年度	2016年度	2017年度	2018年度	2019年度	2020年度
12	28	59	76	95	107

資料：農林水産省資料から筆者作成．

注．2019年度に1件の取消があったため，有効な登録件数は106．

第8-2表 地理的表示保護制度活用に当たっての課題（複数回答）

（単位：件数，％）

	合計		申請検討中	
	該当数	％	該当数	％
①品質等の特性が明確でない	80	21%	39	38%
②長期間（25年）の生産実績がない	23	6%	8	8%
③特性について確定困難	26	7%	14	13%
④生産地域について確定困難	23	6%	16	15%
⑤生産方法について確定困難	28	7%	15	14%
⑥品質管理体制確立困難	91	24%	42	40%
⑦コストとメリットの関係	62	16%	26	25%
⑧組合構成員以外の名称使用	55	15%	23	22%
⑨商標権で十分	75	20%	10	10%
⑩制度がよくわからない	72	19%	18	17%
⑪その他	52	14%	19	18%
回答なし	72	19%	6	6%
	376		104	

資料：内藤ら（2018）．

注．地域ブランド産品の生産者団体に対するアンケート調査（2016年2月実施）による結果（回答数376）．

野菜のように生産量・生産額が極めて少なく，生産地域以外での知名度が低い産品も存在する。また，その生産の歴史の長さや生産地の広がりも多様なものとなっている[1]。

　登録数が必ずしも多くない要因としては，生産地域に帰せられる特性が必要であり，また，生産地域，品質・生産方法等の基準を明確にした上で基準遵守の体制をとることが求められるなど，地域団体商標では要求されない事項が登録の要件とされているため，基準に関する合意形成や管理体制の確立など，登録上の課題を抱えていることが考えられる。第8-2表は，全国の地域ブランドの生産者団体を対象に，地理的表示登録制度活用に当たっての課題を調査した結果であるが，特性の明確化，合意形成，品質管理体制の確立等の課題が多くあげられている。また，2019年に行われたGI登録産品の生産管理団体への調査では，登録申請に当たって対応が困難と感じた点としてあげられたものは，申請文書の作成や申請から登録までの手続が圧倒的に多く，大きな困難，

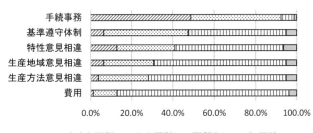

第8−1図　登録に当たり困難と感じた点（複数回答）

資料：内藤ら（2020）.
注⑴　地理的表示登録管理団体に関する調査（2019 年 10 月実施）に
　　　よる結果（回答数 76）.
注⑵　「手続事務」は「申請文書の作成や申請から登録までの手続の事
　　　務」を，「基準遵守体制」は「品質・生産方法の基準遵守の業務の
　　　実施体制の確保」を，「特性意見相違」は「品質等の特性について
　　　の意見の相違」を，「生産地域意見相違」は「生産地域についての
　　　意見の相違」を，「生産方法意見相違」は「生産方法についての意
　　　見の相違」を，「費用」は「登録に伴う費用の大きさ」を指す.

やや困難を合わせて，9割を超える（複数回答）（第8−1図）。次いで，基準
遵守業務の実施体制の整備（47 %），特性についての意見相違（41 %）となっ
ている。今後，登録数の増加を図る上で，申請手続などの事務作業や品質管理
体制の確立をサポートしていくことが重要と考えられる。

　このほかの登録数が多くない要因としては，登録に当たり，地域に帰せられ
る特性や，品質管理体制等の内容を審査することから，この審査に時間を要す
ることも考えられる[2]。

2）行政のコントロール

　品質管理業務が適正に行われているかのチェックについては，法施行規則第
15 条第 6 号に基づき，生産者団体に年 1 回以上の報告が求められている。ま
た，農政局等による立入検査については，2017 年度に同年度末までに登録さ
れた 65 団体のうち 46 団体に対して，2018 年度に同年度末までに登録された

82団体のうち71団体に対して，2019年度に同年度末までに登録された96団体のうち80団体に対して，実施されており，管理の一部が不適正であった事例について改善指導が行われている[3]。大部分の団体に対して検査が行われており，国として，品質管理業務の適正な実施の確保に力を入れていることがうかがえる。また，不正表示の監視については，2018年度には国に14件の疑義情報が寄せられ，12件に関して30事業者に対して立入検査が，2019年度には21件の疑義情報が寄せられ，17件に関して32事業者に対して立入検査が実施されている。検査の結果，不適正表示が確認された事業者には，表示の是正等の指導が行われており，行政が中心となった名称の不正表示への対応が行われている。

（2）制度への期待

　地理的表示保護制度に対する生産者の期待としては，価格上昇や販売量増加等の経済的効果のほか，生産者の意欲の高まりなどの効果が考えられる。2016年に行われた地域ブランド産品の生産者団体に対するアンケート調査によれば，地理的表示保護制度の活用の意向がある生産者団体（登録申請を検討，予定，申請済みの団体）については，登録をきっかけとした生産者の機運上昇（62％），差別化による価格上昇（60％），偽物に対する行政の取締り（44％），差別化による販売量増加（43％）等を，期待としてあげるものが多い（第8－3表）。経済的効果のほか，生産者の意識面での効果を期待していることがうかがえる。

　また，2019年に地理的表示登録産品の登録生産者団体に対して行われた調査によれば，登録申請に当たって期待していた点に関し，最も期待が大きかったのは，認知度の向上で，9割以上が期待（かなり期待68％，やや期待28％）していた（第8－2図）。次いで，生産者の機運上昇，テレビ・新聞等のマスコミに取り上げられること，新たな顧客の獲得，地域振興等の期待が大きかった。なお，かなり期待との回答だけでみると，価格上昇が約5割と，認知度向上に次いで大きかった。

第8－3表　地理的表示保護制度への期待（複数回答）

（単位：件数，％）

	合計		申請を検討，予定，申請済		地域団体商標取得済	
	該当数	％	該当数	％	該当数	％
①差別化による価格上昇	141	38%	105	60%	49	56%
②差別化による販売量増加	98	26%	75	43%	36	41%
③登録をきっかけとした生産者の機運上昇	140	37%	108	62%	50	57%
④偽物に対する行政の取締り	105	28%	76	44%	42	48%
⑤GIマークの活用	72	19%	61	35%	29	33%
⑥輸出促進	62	16%	44	25%	30	34%
⑦その他	14	4%	9	5%	6	7%
回答なし	138	37%	8	5%	2	2%
	376		174		88	

資料：内藤ら（2018）．

注．地域ブランド産品の生産者団体に対するアンケート調査（2016年2月実施）による結果（回答数376）．

（3）制度の認知と登録の効果

1）流通業者の認知，評価

　まず，地理的表示保護制度に対する関係者の認知や評価について検証する。まず，農産物等の一次的な購入者であり，消費者への価値伝達に重要な役割を果たすと考えられる流通業者の認知や評価についてみる。農林水産政策研究所が，日経リサーチに委託して行った，百貨店，スーパーで青果物の仕入れを担当しているバイヤーに対するアンケート調査によれば，地理的表示保護制度を知っていると回答したものは，60.5 ％（よく知っている4.2 ％，知っている56.3 ％）である（第8－4表）。これは，有機JAS規格制度の94.1 ％に比べるとかなり低いものの，地域団体商標制度の38.8 ％よりは高く，地理的表示保護制度について流通業者には一定の認知がされていると考えられる。

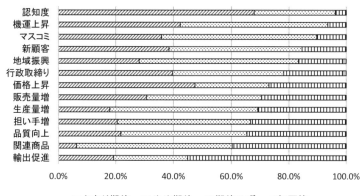

第8−2図　登録への期待（複数回答）

出所：内藤ら（2020）．

注(1)　地理的表示登録管理団体に関する調査（2019年10月実施）による結果（回答数76）．

注(2)　「認知度」は「認知度の向上」を，「機運上昇」は「生産者の機運が高まること」を，「マスコミ」は「テレビ，新聞等に取り上げられること」を，「新顧客」は「新たな顧客の獲得」を，「地域振興」は「登録産品を核とした地域振興」を，「行政取締り」は「行政の取締りなど模倣品対策」を，「販売量増」は「販売量増加」を，「生産量増」は「生産量の増加」を，「担い手増」は「担い手の増加」を，「品質向上」は「登録をきっかけとした品質等の向上」を，「関連商品」は「加工品など関連商品の開発」を指す．

第8−4表　流通業者の制度に対する認知度

（単位：件数，％）

制度	調査数	とてもよく知っている	知っている	あまり知らない	名前も聞いたことがない	無回答
地理的表示保護制度	119	4.2	56.3	28.6	10.9	0.0
地域団体商標	119	1.7	36.1	44.5	17.6	0.0
有機 JAS 規格制度	119	24.4	69.7	5.0	0.8	0.0

資料：2019年2月に，株式会社日経リサーチを通じて行った調査結果より，筆者作成．

　ただし，制度の具体的内容に関する質問に対しては，「地域独自の環境から生まれた伝統的な産品を認定」という点については80.1％が知っているものの，「基準が守られているか生産者団体や国が確認する」という点については47.1％にとどまる（第8－5表）。地理的表示産品は地域環境に根ざした伝統的な産品の集合体という認識にとどまり，国関与の品質保証がされた産品という，付加価値向上を図るための制度の要となる点に関し，必ずしも認知が進んでいないことがうかがえる。

　次に，制度に関する項目別の評価について，特に地域団体商標と比較して，その内容を見ると，「品質が安定している」，「模倣品が少ない」，「品質や育て方にこだわりがある」等の項目について評価する割合が，地域団体商標制度に対してポイントの差が大きい（第8－6表）。地域に根ざした特性のある産品のみを対象とし，管理措置を講じて品質保証を行っていることに関しては，一定の評価があることがうかがえる。一方で，「固定客がいる」，「消費者によく認知されている」との項目は，地域団体商標制度よりも評価する割合が低く，「メディアの注目が高い」，「安定した量が調達できる」，「消費者が品質を認めている」等の項目も，ポイント差が小さくなっている。「価格プレミアムがつく」との評価のポイント差も5％に過ぎず，必ずしも消費者の認知，評価が進まず，価格プレミアムにつながっていないと評価されていることがうかがえる。

第8－5表　地理的表示保護制度に対する項目別の認知度

（単位：件数，％）

地理的表示保護制度の項目別認知度	調査数	とてもよく知っている	知っている	あまり知らない	知らない	無回答
地域独自の環境から生まれた伝統的な産品を認定	106	13.2	67.9	18.9	0.0	0.0
基準が守られているか生産者団体や国が確認する	106	2.8	44.3	47.2	5.7	0.0
名称の不正使用は禁止され，国が取り締まる	106	4.7	43.4	47.2	4.7	0.0

資料：2019年2月に株式会社日経リサーチを通じて行った調査結果より，筆者作成.
注. 地理的表示保護制度について一定の知識のある者（とてもよく知っている，知っている，あまり知らないと回答した者）に対し質問した回答.

第8−6表 地理的表示保護制度に対する項目別の評価

評価項目	地理的表示保護制度 A	地域団体商標制度 B	有機 JAS 規格制度	A-B（ポイント差）
品質が安定している	40.6	21.4	30.5	19.2
模倣品が少ない	43.4	24.5	40.7	18.9
品質や育て方にこだわりがある	45.3	31.6	75.4	13.7
安定した価格で調達できる	23.6	13.3	24.6	10.3
希少性が高い	25.5	15.3	33.1	10.2
商品を仕入れる時の参考になる	35.8	26.5	62.7	9.3
食味が良い	28.3	19.4	20.3	8.9
安全性が高い	34.9	27.6	71.2	7.3
価格プレミアムがつく	26.4	21.4	34.7	5.0
マークのデザインが消費者へのアピールになる	20.8	16.3	61.0	4.5
価値に見合った価格である	20.8	17.3	26.3	3.5
消費者が品質を認めている	22.6	19.4	50.8	3.2
メディアの注目が高い	17.9	15.3	28.8	2.6
安定した量を調達できる	14.2	12.2	16.9	2.0
消費者によく認知されている	15.1	16.3	50.8	− 1.2
固定客がいる	17.9	19.4	61.9	− 1.5

資料：2019 年 2 月に株式会社日経リサーチを通じて行った調査結果より，筆者作成.

注. 回答数は，地理的表示保護制度 106，地域団体商標制度 98，有機 JAS 制度規格制度 118.

　以上のように，制度の認知，特に基準遵守の確認がされていることなど具体的な制度内容の詳細の認知は必ずしも十分に進んでいない。また，制度に対する評価を見ると，消費者が認知していることや品質を評価していることに対して，評価が低くなっている。この調査データを基にした分析では，地理的表示保護制度の認知が，地理的表示として登録された産品に対する支払意思額に正の効果を与えていることが指摘されており（八木ら，2019c），制度の認知を高めることが，付加価値向上に重要な役割を果たすと考えられる。なお，地理的表示登録産品の産地団体に対する調査でも，複数の産地から制度の認知度の低さが課題であるとの意見が多いことが指摘されている（八木ら，2019a）。

第8－7表　地理的表示保護制度に対する認知度

(単位：％)

	地理的表示（GI）	地域団体商標	有機 JAS 規格
知識あり	7.2	7.0	31.5
よく知っている	2.7	3.0	9.1
知っている	4.5	4.0	22.4
あまり知らない	9.7	10.2	24.5
名前も聞いたことがない	83.1	82.8	44.0

出所：菊島ら（2020）を元に筆者作成．
注．生鮮食品を月1回以上購入しており，食品の買物を担当している者を対象．回答数1,000．

2）消費者の認知

　次に，消費者の認知については，2019年に行われた調査[4]によれば，GI制度の認知度は7.2％であり，有機JASよりは認知されていないが，地域団体商標とは同程度であった（第8－7表）。このGI制度の認知度は，EUにおけるGI制度の認知度に関する調査と比較してもほぼ同等である[5]。

　認知と強いブランド構築の関係について，K・ケラーは，顧客ベースのブランド・エクイティモデルにより，ブランド構築の重要な第1段階目として，深く幅広いブランド認知を獲得し，高い突出性（セイリエンス）を確立することをあげている（ケラー，2010：49-93）。GIマークで表される地理的表示産品の全体は，地理的表示産品という一つのカテゴリーブランドと捉えることが可能であり[6]，このブランドを強化するためには，GIマークをはじめとした地理的表示制度全体に対する認知の向上は必須の要件と考えられる。

3）登録による価格上昇等の効果

　地理的表示登録により，模倣品排除，取引拡大，価格上昇，担い手の増加，生産者の意欲の高まり等の効果が，農林水産省により報告されている[7]。具体的には，登録前後の取引拡大について，鳥取砂丘らっきょうで販売額が25％増加，能登志賀ころ柿で出荷量が15％増加した事例が，販売単価の上昇について，連島ごぼうで18％上昇，江戸崎かぼちゃで26％上昇，八女伝統本玉露で11％上昇した事例が紹介されている。また，八木ら（2019a）は，GI及

び地域団体商標登録12産品を対象としたヒアリング調査により，登録後の効果として，模倣品防止，認知度向上，価格上昇等の効果があった事例を示すとともに，価格上昇効果があったのは，登録を活かした更なる取組があった場合であったことを示している。

　地理的表示登録産品を対象にした調査によれば，登録の効果として感じている事項に関し，比較的効果を感じている割合が高いのは，マスコミに取り上げられること（かなり効果を感じている28％，やや効果を感じている44％，合計72％）であり，次いで，生産者の機運上昇（合計で69％），認知度の向上（同65％），新たな顧客の獲得（同54％），品質向上（同54％）等の効果が強く感じられていた（第8−3図）。一方，価格上昇効果を感じていたのは，4割弱にとどまった。

　（2）で記述した期待と，効果として感じていることを比べると，品質向上，マスコミに取り上げられること，生産者の機運上昇，認知度上昇等については，比較的，期待に応じた効果が感じられている一方，担い手の増加や生産量

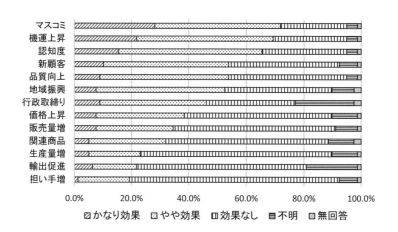

第8−3図　登録の効果（複数回答）

資料：内藤ら（2020）.

注．回答内容については，第8−2図の注参照.

の増加等は期待と実際の効果の落差が大きい（第8－4図）。また，価格上昇の点について期待をした数に対する効果を感じている数の割合は5割強にとどまった。なお，この調査では，地理的表示登録を契機に品質管理やPR活動に積極的に取り組んでいるほど，経済的な効果が得られていることも示されている（内藤ら，2020：11-14）。

　地理的表示登録の効果を長期的なデータにより検証した研究は多くないが，登録前後の価格に関する分析として，2016年に登録された連島ごぼうに関する効果を，プレミアム価格法で分析したものがある（八木ら，2019a）。プレミアム価格法とは，ブランド品とノンブランド品の価格差へブランド品の出荷量を乗じ，年数で割ることでブランドの資産価値を計算する方法であり，また，ブランド品とノンブランド品の価格差を出荷量で加重平均することで，プレミアム価格を計算する。連島ごぼうについては，農協共選のものと，農協の生産部会に加入しない農業者が個々に出荷するものがあり，地理的表示登録に当たって農協が生産管理を行う団体となったことから，農協共選のごぼうのみが地理的表示対象産品として出荷されることとなった。農協共選のごぼうと個

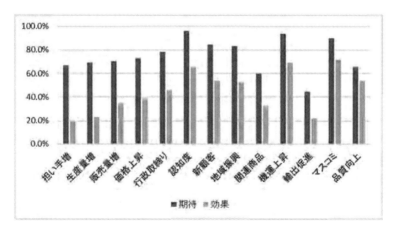

第8－4図　期待と効果の差（割合の差の順）

資料：内藤ら（2020）．
注．回答内容については，第8－2図の注参照．

選のごぼうの価格差は，登録前2年間（2014-2015年度）の平均の111.5円/kgから，登録後2年間（2017-2018年度）の212円/kgに拡大し（第8－5図），ブランドの資産価値（ブランド・エクイティ）は，4,388万円から6,705万円に上昇している[8]。

　また，2016年に登録された熊本県産い草畳表に関し，銘柄・経糸・規格別の価格データ及び輸入畳表の価格データを用いて，畳表のヘドニック価格関数を推計し，地理的表示登録による価格プレミアムを計算した分析がある（八木ら，2019b）。用いられた価格データは，2013年4月から2018年11月までの月別データである。登録の有無，銘柄・規格・縦糸別の固定効果，タイムトレンドなどを説明変数とする分析の結果，地理的表示登録により166円〜330円の価格プレミアム（価格上昇率は，6.2%〜14.0%）が確認されている（第8－6図）。

　このような分析から，一部産品について，地理的表示制度への登録によっ

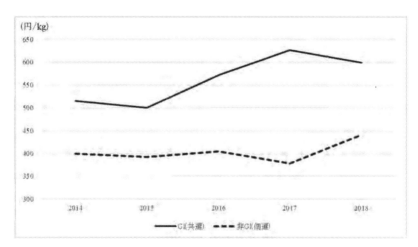

第8－5図　地理的表示対象産品（連島ごぼう）と非対象品の価格差

資料：八木ら（2019a）.
注.「GI（共選）」は農協共選で地理的表示（GI）の対象産品であるものを指し，「非GI（個選）」は農業者が個別に出荷し地理的表示の対象外の産品であるものを指している.

て，価格上昇等の効果が生じていることがうかがえる。

　なお，地理的表示産品に対する消費者の評価は，その消費者の属性によって変わることがアンケート調査のデータに基づき分析されている（菊島ら，2020）。この分析によれば，地理的表示保護制度について知っており，かつ，地理的表示産品を購入した経験がある者の方が，支払意思額が高くなる傾向があること，また，高所得，高学歴，食生活の指向として高品質を選ぶなどの属性を持つ人ほど支払意思額が高くなることが指摘されている。また，地理的表示登録産品ではないが，著名なブランド豚肉である鹿児島県産黒豚を対象として，アンケート調査による選択実験により，生産管理体制の構築に対する消費者評価を検証した分析がある（八木ら，2018）。この分析では，生産基準の設定と基準遵守の体制を整備することで，消費者の支払意思額が増大すること，また，こういった生産管理体制について，安全性指向が高い者や通信販売を用いる者がより高く評価すること等が示されている。

　これらの結果は，消費者の属性により，地理的表示保護制度による基準設定・確認に対する評価が異なることを示しており，地理的表示の効果をあげる

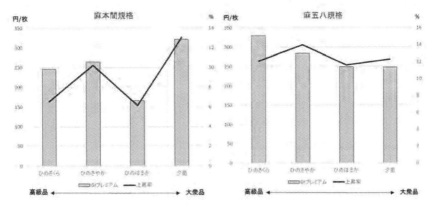

第8－6図　熊本県産い草畳表の銘柄別の地理的表示登録プレミアム

資料：八木ら（2019b）.

注．ひのさくら等は銘柄を，麻本間規格及び麻五八規格はそれぞれ経糸が麻糸で，大きさが本間と五八の規格を示す.

上で，どのような属性の消費者をターゲットとするかが重要であることが示唆される。

2．地理的表示保護制度を実施していく中で現れた課題

これまで地理的表示保護制度が実施されてきた中で，登録に関して関係者間で意見が対立し，制度に対する疑問が投げかけられる事例や，関係者の意見を踏まえ改正が行われたものの，その是非について議論がある制度改正などが生じている。ここでは，第2章で整理した，EU型の地理的表示保護のアイディアの背景にある二つの要素（①地域環境が特性を生み出すというテロワールの考え方を前提とした保護，②行政関与の品質保証・情報提供による高付加価値化）と大きく関係する二つの事項を取り上げる。

（1）「八丁味噌」の登録をめぐる問題

「八丁味噌」は，広辞苑第7版によれば，「愛知県岡崎市八丁（現，八帖町）から産出されはじめた味噌。大豆と塩を原料とした暗褐色の堅い辛味噌で，うま味と渋みに特徴がある。岡崎味噌。三州味噌。」と説明されている。この八丁味噌について，製造の発祥地である岡崎市で江戸時代から伝統的製法により製造を継続している2社で構成される八丁味噌協同組合と，愛知県内で工業的製法により豆味噌を製造している製造業者等で構成される愛知県味噌溜醤油工業協同組合（以下「愛知県組合」という。）の双方から，地理的表示登録の申請が行われ，後者の申請に基づき登録が行われた結果，伝統的製法で製造を行う2社が地理的表示登録産品であることを表示できないという事態[9]が生じている。

事案の経緯は以下のとおりである。まず，法の施行日である2015年6月1日に八丁味噌協同組合から，岡崎市八帖町で伝統的製法により製造する豆味噌であること等を内容とする申請が行われた。その後，同月24日に，愛知県組合から愛知県内で工業的製法（タンクによる製造等）を含めた製造方法で製造

第8−8表　八丁味噌協同組合が主張する登録された八丁味噌との製法の違い

	農水省認定（GI登録）の八丁味噌	八丁味噌協同組合の八丁味噌
生産地	愛知県	愛知県岡崎市八帖町（旧八丁村）
味噌玉	直径20mm以上，長さ50mm以上	握り拳ほどの大きさ
熟成期間	一夏以上熟成（温度調整を行う場合は25℃以上で最低10ヶ月）	天然醸造で2年以上（温度調整は行わない）
仕込み樽	タンク（醸造桶）	木桶のみ（約6トン仕込める大きさ）
重し	形状は問わない	重石は天然石を円錐形に約3トン積み上げること

資料：八丁味噌協同組合「農林水産省の地理的表示（GI）保護制度に関する報道について」，
https://www.hatcho.jp/img/2018_03_19.pdf（2019年10月18日参照）.

する豆味噌であること等を内容とする申請が行われた。双方の製法の概要は，第8−8表のとおりである。後者の申請は，法第10条の規定に基づき前者の申請に対する意見書の提出として扱われ，両者の調整が行われたが，合意に至らず，前者が申請を取り下げた結果，2017年12月に，愛知県組合を生産者団体とし，愛知県内で工業的製法を含めた製造方法で製造する豆味噌であること等を内容として，「八丁味噌」の登録が行われることとなった。岡崎の2社は愛知県組合の構成員ではなく，また，登録された緩やかな基準に従って八丁味噌協同組合として生産管理をすることを選択しなかったため，2社は地理的表示登録産品であることを表示できないことになったのである。この登録に対して，八丁味噌協同組合は，2018年3月に行政不服審査法に基づく審査請求を行っている[10]。

　この登録をめぐっては，批判的な報道が多くなされ，特に地元紙が，老舗が外れていることやテロワールの考え方とずれていることなどについて，継続的に報道を行っている[11]。また，2018年3月に岡崎市議会は，八丁味噌の伝統的製法と品質を述べた上で，利害者の合意形成について国の調整を求める意見書を採択し，内閣総理大臣，農林水産大臣等に提出している[12]。さらに同年5月から，岡崎市に存在する4大学の学長及び八丁味噌協同組合理事長を代表とする「岡崎の伝統を未来につなぐ会」が登録見直しに関する要望について署名活動を行っており[13]，7万人を超える署名が集まったとされる[14]。この要望に

おいては，登録された産品の品質，製造方法等が，国内外の消費者の認識している「八丁味噌」とは異なるため，ブランド価値の毀損，消費者の混乱につながるとし，「地理的表示保護制度」から本末転倒な事態として，登録見直しを要望している。

　本件については，質問主意書でもとりあげられている。2018 年 3 月の大西健介衆議院議員の「八丁味噌」の地理的表示保護制度への登録に関する質問では，2 社が輸出する欧州で八丁味噌を名乗れないのは不条理ではないか，2 社製造以外の豆味噌を八丁味噌と呼ばないことが慣習となっているが，あえてこの慣習を破ることは混乱を招くのではないか，伝統的製法を受け継ぐもののみが八丁味噌であり，それ以外の製法のものも名乗れるようにするのは消費者をだますとともに，伝統的製法に起因する特性に着目し地域ブランドを保護する地理的表示保護制度の趣旨に反するのではないか，との質問が行われている。これに対し，政府は，生産者団体に加入するか生産者団体を追加することにより，2 社も地理的表示を付すことが可能であり[15]，また，学識経験者の意見の聴取等を経て不登録要件に該当しないと判断しており，混乱を招く，消費者をだますことになる，制度の趣旨に反する等の指摘は当たらないと答弁[16]している。その後，同年 11 月に，八丁味噌協同組合は，本件登録が消費者に混乱と不利益をもたらすとして，消費者庁に請願書を提出している[17]。

　先述した登録に対する審査請求については，審査庁である農林水産大臣から，2019 年 5 月に行政不服審査会[18]に対し諮問が行われ，同年 9 月に同審査会は，「本件審査請求は棄却すべきであるとの審査庁の諮問に係る判断は，現時点においては妥当とはいえない」とする答申[19]を行った。この答申書（以下「答申書」という。）によれば，審査請求人（八丁味噌組合）の主張は，本件味噌の生産地には争いがあり，また，生産方法の差による品質の差があることから，生産地・生産方法が特性と結びついているとはいえず，特性が生産地に主として帰せられるとはいえない（法第 13 条第 1 項第 3 号イ該当），2 社の豆味噌と登録された豆味噌は生産地及び特性が全く異なり，八丁味噌[20]伝統的製法により生産された豆味噌を指すと認識されていること，八丁味噌が 2 社の生

産する豆味噌の表示として全国的に広く認識されていること，中小企業地域産業資源活用促進法に基づく地域産業資源の指定やや本場の本物の認定と矛盾することから，登録された名称により特性と生産地を特定することができるとはいえない（同項第4号イ該当）とするものであった。一方，審査庁（農林水産大臣）の主張は，八丁味噌の生産地は愛知県に特定されており，酒精が加えられているという製法の違いにより特性に変化はなく，生産方法と特性の結びつきが認められないとはいえない（同項第3号イ非該当），2社の豆味噌と登録対象の豆味噌の生産方法の本質的な部分は共通し，特徴も共通していること，需要者は八丁味噌の生産地を2社の生産地のみではなく県内の生産地を含むと理解していることから，八丁味噌は2社以外の豆味噌をも指すと認識している（同項第4号イ非該当）とするものだった。なお，同項第3号イ事由の有無に関する審査庁の判断については，審理員意見書や諮問説明書から明らかでなかったため，行政不服審査会が諮問説明書の補充書を求めたとされている。

　両者の主張に対し，行政不服審査会は，審査庁は社会的評価の点に着目して他の農林水産物等と比較して差別化された特性を有していると認めたと解されるが，愛知県以外で生産される豆味噌や愛知県内の一般的な豆味噌と区別された社会的評価があるといえるか判然とせず，また，処分見直しの要望署名の結果から八丁味噌が岡崎市の特産品として相当程度認知されていることがうかがわれることも考慮すれば，愛知県の特産品として「広く」認知されていると認定することが適当か，これが「同種の農林水産物等と比較して差別化された特徴」たり得るものか，更に具体的資料に基づく十分な検討が必要とした。さらに，2社から，他の豆味噌との相違を強調した上で，八丁味噌に対する社会的評価は専ら2社の生産する豆味噌に対するものであることをうかがわせる資料が提出されているのにもかかわらず，審査庁において2社の豆味噌との相違点が社会的評価に何らかの意味を持つものなのかの観点からの検討がされず，生産方法が本質的な部分が共通し，特徴に大きな違いがないという認定を前提に判断が行われているが，これでは社会的評価の観点からの検討としては不十分とした。加えて，審査請求人と参加人（愛知県組合）との間の合意形成を考慮

する必要を認めなかった審査庁の判断の妥当性について疑問がないわけではないと指摘している。このような法第13条第1項第3号イに関する検討の結果，同項第4号イ事由があるかについての判断の当否についてみるまでもなく，審査庁の諮問に係る判断は現時点においては妥当とはいえないとした[21]。

　この案件については，これまで述べてきたこととの関係で二つのことが指摘できる。第1点は，生産地域の自然的環境（気候，風土など）や人的環境（伝統的製法など）が特性を生み出し，これを前提に保護を行うというテロワールの考え方との関係である。登録された八丁味噌の製法は，工業的な製造方法をも含むものであり，その地域での伝統的な製法とはいいがたい[22]。農林水産省は，愛知県組合の申請に基づく登録を行った理由として，生産方法が本質的な部分が共通し，特徴に大きな違いがないことをあげているが，行政不服審査会が社会的評価の判断としては不十分と指摘しているように，その場合，「生産地に主として帰せられる特性」が何であるのかが問われることになる。

　これに関して，地理的表示保護を研究する関根佳恵は，「実質的に世界中どこでも作れる産品に GI 認定したと認めたのは驚き。GI の根幹にあるテロワールを無視している」との批判を行っている[23]。第2章で詳説したとおり，地理的表示保護は，生産地域の自然的環境（気候，風土など）や人的環境（伝統的製法など）が特性を生み出すというテロワールの考え方を前提としている。我が国の法においては，「品質，社会的評価その他の確立した特性」が「生産地に主として帰せられる」という形で，この考え方が表されている（法第2条第2項及び第13条第1項第3号イ）。登録に当たり，この要件に該当することがもちろん必要であるが，特にこの内容につき，関係者間に争いがある場合，関係者の納得が得られるよう，登録可否の判断の具体的な説明がされることが望ましい[24]。森田朗は，裁量が伴う行政機関の決定に関し，政策目的の達成の観点から，関係者の非協力を招かないよう，申請者に受容される決定，すなわち，妥当性を承認させる決定が必要であるとし，そのための条件の一つとして決定の「合理性」を理解させ，納得させることが必要であるとしているが（森田，1988：90-95）[25]，地理的表示登録の可否についても，どのような形で

その「合理性」を説明し得るかが課題である[26]。

　もう一点は，情報という政策手段が有効に働く条件との関係である。この政策手段は，情報を受け取る者に訴えかけ，行動を促す手法であるため，城山英明が指摘するように，その情報がどのような反応を生むかは情報を受け取る者の認知的枠組みに左右され，政府に対する信頼感が欠如している場合，情報の説得力が低下する（城山，1998：269）。答申書は，法律の要件該当の有無について更に調査検討を尽くすべきとしたものであり，処分が取り消されるべきとしたものではないが，新聞報道や署名活動により，どのような内容を登録対象とするかについて制度運用への疑問が示され，また，その産品の代表的な製造業者が登録の対象から外れていることは，情報を受け取る消費者等に関し，地理的表示保護制度の趣旨にそぐわない産品が登録されたのではないかとの不信感を生じさせたことが考えられる[27]。これは，単に八丁味噌の事案にとどまらず，地理的表示保護制度全体への信頼の低下を招いたおそれがあり[28]，この制度の情報という政策手段としての有効性の低下にもつながるおそれがある。また，関係者の合意がないまま登録が行われることとなったが，品質に関する社会的合意（コンヴァンシオン）が，地理的表示等の品質政策の基礎と指摘されており（新山，2000：57），この意味で，関係者の合意を欠く登録は，制度への信頼を低下させるおそれがある[29]。

　以上のように，八丁味噌の登録に関しては，登録された愛知県全体を生産地とする豆味噌が，地域に帰せられる特性を有するかというテロワールの問題点とともに，伝統的な2社との合意なく登録が行われたことの問題点が報道等により指摘された。これらの点は，登録取消を求める審査請求に係る行政不服審査会の答申でも指摘され，農林水産省の審査請求を棄却すべきとの判断は，現時点では妥当とはいえないと判断されている。このような状況は，単に八丁味噌の問題にとどまらず，地理的表示保護制度全体に対する信頼性を低下させかねないと考えられる[30]。

（2）GI マークの使用任意化

　制定時の法においては，登録した地理的表示を使用する場合は，その地理的表示が登録に係る特定農林水産物等の名称の表示である旨の標章（GI マーク）を併せて使用しなければならないこととされた（法第4条第1項）。これは生産者のみならず，地理的表示産品を取り扱う流通業者も対象としており，登録された地理的表示を使用する以上，必ず GI マークを一緒に使用することとされていた。この違反に対しては，マークを使用するよう措置命令がされ（法第5条），命令違反には罰則を設けることによって（法第30条），使用を担保していた。この GI マークは，登録を受けた地理的表示産品であることを示すしるしであり，法に基づく管理システムによる品質保証がされたものであるという価値，すなわち地理的表示産品が共通で有する価値を伝える手法であった。

　この GI マークの使用義務について，2018年の法改正で，「使用することができる」として任意化が図られた。この改正については，農林水産委員会の審議において，制度が効果を発揮する前提条件として多くの人の認知が必要であり，認知を広めるためには義務づけがポイントではないかとの質問が行われている。これに対して，農林水産省から，（同時に改正を行った）先使用の制限で先使用品との区別をする必要性が低下したこと，生産者から一つ一つの商品にマークを貼付することが負担であるとの声があること等を理由に改正したことが説明されている[31]。この答弁では，同時に，GI マークは消費者に対する認知度向上に有効な手段であり，GI マークの使用と普及啓発に努めたい旨が説明されている。こういった考え方もあってか，法施行規則第15条では，生産者団体が行う生産管理業務の方法の基準として，GI マークの使用に関する基準を定め，生産者がその基準に従って GI マークを使用しているか確認することが定められている。しかし，この規定は使用方法を統一することを求めているにすぎないので，マークを使用しないとする基準も可能であり，この場合，個々の生産者がマーク使用を希望しても使用できないことになる。また，あくまで生産業者に関する基準であって，流通業者のマーク使用については及ばない。

　国会での議論でも指摘されているとおり，GI マークの使用任意化は，地理的表示保護制度の認知度向上の点で，大きな問題となり得る。というのは，地理的表示産品の名称を見ただけでは，消費者は，それが地理的表示登録されているかどうかはわからず，販売店で地理的表示登録産品に接したとしても，個別産品に対する認知は別として，地理的表示制度に対する認知は高まらないからである。この使用の任意化については，今後の制度の認知度の向上にも影響を与えかねないとの指摘がある (今村，2019：84)。また，既に述べたように，このマークは，基準適合が保証されたという情報を伝える政府が定めたマークであり，GI マークが使用されない場合その重要な情報が伝わらないことになる。これに関し，地理的表示と GI マークが組み合わさって一つのブランドと機能し，制度を介した政府への信頼がエンドーサー・ブランドとしての GI マークの源泉になっていることから，GI マークの任意化は，重大な変更であるとの指摘がある（小林，2019：48-49）。

　さらに，当該名称が地理的表示登録されていると知っている消費者に誤認を招くおそれさえある。というのは，地理的表示登録の前に商標を登録していた場合や，登録前から継続的にその名称を使用していた場合は，基準に適合しない産品にも，地理的表示として登録された名称の使用が認められる場合がある（法第 3 条第 2 項ただし書）。従来は地理的表示産品には GI マークの使用が義務づけられ，それ以外の産品にはマーク使用が禁止されていたことから，このマークの有無によって地理的表示登録の基準を満たしたものであることが確認できたが，使用が任意化された現状においては，登録された名称が使用されていたとしても基準を満たしたものであるかどうかを判断することができないのである。なお，このことは，適切な表示が行われているかを取り締まる上での困難性も招くことになる。

　ここで，地理的表示を示すマークの使用に関して，EU の状況を見ると，1992 年に EU 共通の地理的表示保護が導入された際の規則では，EU 共通のマークの使用は義務づけられていなかった。この規則を廃止し，2006 年に新たに制定された規則においては，EU 域内で生産される地理的表示産品に関し

て，「protected designation of origin（保護された原産地呼称）／protected geographical indication（保護された地理的表示）」という表示又はこの表示を伴う共同体シンボル（マーク）の使用が義務づけられた[32]。この規則の前文では，義務づけの目的として，産品の種類と付随する保証についての消費者の理解を向上し，市場での産品の識別が容易になることで確認が円滑化することがあげられている。マークの使用を通じて，保証された品質への消費者の理解を向上することが明確に意識されており，日本の任意化の改正はこれと逆方向の動きとなる。なお，EU の現在の規則である 2012 年の規則においても，マーク使用の義務は維持されている。

　GI マークは，農林水産省の答弁にある制度に対する消費者の認知度向上の手段だけでなく，品質が行政関与で保証されているという情報を伝える手法として重要であると考えられる。この改正により，情報の受け手の認知の問題及び伝えられる情報の内容の両面で，地理的表示保護制度の持つ品質保証・情報伝達の機能が低下することが懸念される。

3．小括

　本章では，まず，地理的表示保護制度への登録の実績や制度への期待・効果を整理した。これまでに 100 程度の産品が登録されているが，地域団体商標制度創設後の登録状況に比べれば，登録数は必ずしも多くなく，この理由として，登録に向けて，特性等についての基準の確定や品質管理体制の確立に課題を抱えていることが明らかになった。今後，これらの課題の解決策を示していくことが，登録数増加のため必要と考えられる。

　地理的表示保護制度に対する期待としては，価格上昇等の経済的効果や生産者の意欲の高まりなどへの期待が大きいが，流通業者に対する調査から，本制度の認知度はまだ十分でない点を示した。この認知度の低さが，価格プレミアムにつながらない理由の一つとなっていると考えられる。登録による効果の把握は十分には進んでいないが，一部産品では価格上昇等の効果が出ていること

を，調査分析データにより示した。今後，登録を通じた効果を，幅広い産品で
どのような手法により実現していくかが，課題として指摘できる。

　また，八丁味噌の登録に関する経過を分析することにより，地理的表示保護
制度への信頼性を低下させるおそれのある制度実施の事例が生じていることが
明らかになった。さらに，2018年に行われたGIマークの使用を任意化する
制度改正については，地理的表示に関する認知度の向上や，情報提供機能の低
下に関し懸念があることを整理した。

　以上のような課題への対応に関しては，第9章において，分析から得られた
政策的示唆として検討を行うこととする。

注(1)　香坂玲らは，登録産品を対象とした分析により，登録産品の時空間的多様性とその特徴
　　　を明らかにするとともに，その多様性を踏まえた制度活用を進める必要があることを指摘
　　　している（香坂ら，2018：4-9）。
　(2)　2020年度末現在，登録申請番号252号の産品が公示されており，審査中のものが相当
　　　数あることがうかがえる。
　(3)　データは，以下の資料による。
　　　農林水産省「平成29年度国内外における地理的表示（GI）の保護に関する活動レポート」，
　　　http://www.maff.go.jp/j/shokusan/gi_act/gi_mark/attach/pdf/index-6.pdf（2019年10月
　　　18日参照）．
　　　農林水産省「平成30年度国内外における地理的表示（GI）の保護に関する活動レポート」，
　　　http://www.maff.go.jp/j/shokusan/gi_act/gi_mark/attach/pdf/index-8.pdf，2019年10月
　　　18日参照）．
　　　農林水産省「令和元年度国内外における地理的表示（GI）の保護に関する活動レポート」，
　　　http://www.maff.go.jp/j/shokusan/gi_act/gi_mark/attach/pdf/index-10.pdf，2020年8月
　　　26日参照）．
　　　　なお1産品で複数の団体が登録されている産品があるため，産品登録数と登録団体数は
　　　異なる。
　(4)　①生鮮食品を店舗又は通販を通じて月に1回以上購入しており，かつ②食品の買い物の
　　　担当者である回答者を国勢調査の年齢構成に沿うように割付け，2万人を本調査の対象候
　　　補者とした上で，この中から1,000名を無作為抽出し本調査を実施したもの（菊島
　　　ら，2020）。
　(5)　EU27か国のPDOの認知度は7％，PGIの認知度は4％，PDO又はPGIの認知度は
　　　8％であり，フェアトレード（22％）やオーガニック（16％）の認知度より低い（London
　　　Economics.，2008））

⑹　小林哲は，地域団体商標においては地域産品ブランドがブランドとしての機能を単独で
果たすことを想定しているのに対し，地理的表示保護制度では，ドライバー・ブランドと
しての地理的産品ブランドと，エンドーサー・ブランドとしての GI マークが組み合わさっ
てブランドの機能を発揮することを想定しているというブランド構造の違いがあると指摘
する（小林，2018：48）。

⑺　農林水産省「地理的表示法について　9　我が国での GI 登録の効果」，http://www.
maff.go.jp/j/shokusan/gi_act/outline/attach/pdf/index-170.pdf（2019 年 3 月 18 日参照）。
なお，現在は資料が更新されており，鳥取砂丘らっきょうで 2018 年に過去最高単価を記
録したことなどが示されているが，登録前後の価格の推移は示されていない。http://
www.maff.go.jp/j/shokusan/gi_act/outline/attach/pdf/index-186.pdf（2019 年 10 月 18 日
参照）。

⑻　このほか，2017 年に登録されたくろさき茶豆に関し，筆者等が 2018 年に行った調査で
は，黒崎地区の茶豆（地理的表示対象産品）と，黒崎地区以外の新潟の茶豆（非地理的表
示産品）との価格差が，登録前後で拡大していた。今後，このような地理的表示登録によ
ると思われる効果について，更にデータ収集・分析を行う必要がある。

⑼　先使用（法第 3 条第 2 項第 4 号）により，八丁味噌という名称は使用可能であるが，地
理的表示を示す GI マークは使用できない。また，岡崎の 2 社から，味噌を仕入れて新た
に加工品を製造する場合，その製品に「八丁味噌」の名称を使用することはできない。

⑽　八丁味噌協同組合「行政不服審査請求の報道について」，https://www.hatcho.jp/
news02/detail.php?no=1521426660（2019 年 10 月 18 日参照）。

⑾　「どうなる八丁味噌　GI 登録問題から（上）文化の継承　主張平行　発信妨げ」（『中日
新聞』2018 年 8 月 2 日付，西三河総合版，15），「どうなる八丁味噌　GI 登録問題から
（中）見えないテロワール」（『中日新聞』2018 年 8 月 3 日付，西三河総合版，17），「どう
なる八丁味噌　GI 登録問題から（下）対立の背景　製法　品質　認識の差」（『中日新聞』
2018 年 8 月 4 日付，西三河総合版，15）等。

⑿　岡崎市議会「八丁味噌の地理的表示保護制度登録に関する意見書」（2018 年 3 月 20 日
3 月定例会議決），
https://www.city.okazaki.lg.jp/shigikai/732/p010537_d/fil/file_35.pdf（2019 年 10 月 18
日参照）。

⒀　八丁味噌協同組合「「地理的表示保護制度（GI）」における『八丁味噌』の登録見直しに
関する要望」，https://www.hatcho.jp/img/20180601_shinai.pdf（2019 年 10 月 18 日参
照）。

⒁　八丁味噌協同組合によれば，見直しの要望について，2019 年 9 月末までに，市内
27,931 人，それ以外の県内 34,317 人，県外 8,989 人，合計で 71,237 人の署名があった
としたとしている。八丁味噌協同組合「「地理的表示保護制度（GI）」における『八丁味噌』
の登録見直しに関する要望」（アンケート結果），https://www.hatcho.jp/pdf/document05.
pdf（2019 年 10 月 18 日参照）。

⒂　この答弁では，「現時点で欧州において地理的表示として保護されている実態にはない」とも答弁されているが，2019 年に日 EU 経済連携協定が発効し，相互に保護する地理的表示に「八丁味噌」が含まれていることから，2 社の八丁味噌について EU で名称を使用できない状況となった。

⒃　2018 年 3 月 16 日内閣衆質 196 第 123 号「衆議院議員大西健介君提出「八丁味噌」の地理的表示保護制度への登録に関する質問に対する答弁書。

⒄　八丁味噌協同組合「消費者庁への請願について」，https://www.hatcho.jp/news02/detail.php?no=1542721731（2019 年 10 月 18 日参照）。

⒅　行政不服審査法に基づき総務省に設置され，審査請求についての裁決の客観性・公正性を高めるため，第 3 者の立場から，審理員が行った審査手続の適正性や審査庁の判断の妥当性をチェックすることを目的としている。

⒆　総務省「特定農林水産物等の登録に関する件に関する答申書」（令和元年 9 月 27 日令和元年度答申第35号），http://www.soumu.go.jp/main_content/000646794.pdf（2019 年 10 月 18 日参照）。

⒇　答申書では，八丁味噌，愛知県などの固有名称は，A 味噌，B 県のように記載されているが，ここでは，わかりやすくするため固有名称を記載した。

㉑　この答申を受け，農林水産省は，「確立した特性」としての社会的評価の認定等について専門的見地からの調査検討を行うため，学識経験者をメンバーとする「「八丁味噌」の地理的表示登録に関する第 3 者委員会」を 2020 年 3 月に設置した。同委員会は 4 回の審議を経て，2021 年 3 月に，「八丁味噌」の登録処分に地理的表示保護法第 13 条第 1 項第 3 号イに該当する登録拒否事由があるとは認められず，社会的評価の認定についての処分庁の判断は適当であること等を内容とする報告書を取りまとめた。これを踏まえ，同月 19 日に農林水産大臣は，審査請求を棄却するとの裁決を行っている。

㉒　その土地で伝統的に培われた「本場」の製法で「本物」の味を作り続けている産品を認定する「本場の本物」については，岡崎の 2 社が地元産大豆を使用して製造した八丁味噌のみが対象となっている。この「本場の本物」は，農林水産省が 2004 年に地理的表示保護制度創設を断念した後，同省の補助事業により 2005 年に開始された事業であり（補助事業は 2010 年度で終了），EU の PDO を参考にしている。地域で生産された特色のある農林水産物等を原材料として用い，当該地域において伝統的に培われた技術を活かして製造された加工食品を，品質・製法等の基準とともに認定する仕組みである。

㉓　愛知学院大学関根佳恵准教授による批判（『中日新聞』2018 年 4 月 29 日付，朝刊，4）。関根は，地域の独自性を判断する専門機関を設置すべきとの意見も述べている。

㉔　法第 13 条第 1 項第 3 号イ事由の有無に関する審査庁の判断について，諮問説明書等から明らかでなかったため，行政不服審査会が諮問説明書の補充書を求めたとされたことから考えると，特性がその生産地に主として帰せられるものであることに関し，関係者に対し具体的な理由が明確にされていたかについては疑問もある。

㉕　「合理性」以外の条件として，手続の「合法性」及び決定の「平等性」の論証が指摘さ

れている。

⑵⑹　登録の基準等については，特定農産物等審査要領（平成31年1月31日付け食産第
4245号食料産業局長通知。当初は2015年に制定）で示されているが，地域との結びつき
が生産方法や肉質の差異で説明することが難しい黒毛和種の牛肉については，社会的評価
による登録基準の詳細が2016年に追加で制定されている。加工品については，特性が生
産地の自然的条件等に帰せられることが比較的説明しやすい一次産品と異なり，加工技術
を当初の生産地以外にも移転することが可能であることから，地域との関連性を説明する
ことの困難性が指摘されており（今村，2019：86），牛肉と同様，どういった基準で登録
を認めるか明確にしておくことも必要であろう。

⑵⑺　パルシステム生活協同組合連合会の山本伸司顧問は，「消費者はその土地でしか作れな
いものを期待するのに，どこでも作れるものにGIマークを貼るようでは制度の信頼を下
げてしまう。悪貨が良貨を駆逐して，本当に守られるべき生産者がいなくなるのでは」と
の懸念を述べている（『中日新聞』2018年4月29日付け，朝刊，4）。

⑵⑻　荒木雅也は，一般的な議論として，テロワールという観念から逸脱する地理的表示につ
いて，安易に登録を認める弊害の一つとして，地理的表示が内外の消費者からの信頼を失
いかねないことを指摘している（荒木，2014：67）。

⑵⑼　『日経新聞』2018年5月22日付，朝刊2面は，八丁味噌などブランドをめぐる対立事
例について，地域の話し合いが不十分なまま登録を急ぐケースはなかったかと指摘し，明
治大学法科大学院の高倉成男教授の「知財を地域振興につなげるには地域をまとめる力が
欠かせない」との指摘を紹介している。

⑶⑴　注⑵⑴のとおり，審査請求は棄却されており，その後の状況が注目される。

⑶⑴　2018年11月20日衆議院農林水産委員会での関健一郎委員に対する新井ゆたか食料産
業局長答弁（第197回衆議院農林水産委員会議録第5号）。

⑶⑵　R（EC）No510/2006第8条。

第9章 終わりに

1. 分析のまとめ

（1）本書では，第1章で，問題意識を示すとともに，先行研究を整理した。また，省庁間調整による政策決定について，アイディアをめぐる相互作用を中心とした分析枠組みを示すとともに，政策手段としての地理的表示保護について分析の視点を示した。第2章では，第3章以下の分析の前提として，地理的表示保護をめぐる状況を整理し，EU型と米国型の保護の違いの背景にある考え方として，地域環境に由来する特性というテロワールの考え方と，行政関与の品質保証・情報提供の二つの要素を抽出した。

（2）第3章から第6章までの各章では，我が国での地理的表示保護をめぐる省庁間調整による政策決定を分析した。第3章では，2004年の地理的表示保護制度の創設失敗と翌年の地域団体商標制度創設の経緯を整理し，農林水産省が，商標制度に類似した権利法形式での制度を立案し，これを問題視した特許庁が，商標制度の中で地域ブランドを保護する「地域団体商標制度」を立案した経緯を整理した。そして，農林水産省は，特許庁の検討が進む一方，内閣法制局からの法制度的な指摘を受ける中で，制度化を断念するに至ったことを示した。第4章では，地域団体商標制度導入後の状況変化について，国内的には，ブランド化，6次産業化等による付加価値向上施策が重視されるようになったこと，国際的には，日EU経済連携協定等の経済連携を進める上で地理的表示保護などに取り組むことが課題となってきたことを整理した。こういった状況変化の中で，第5章では，地理的表示保護制度の創設が再度検討され，2014年に制度化に至った経緯について分析した。同制度は，農林水産業の競争力強化の方策として再検討され，農林水産省及び特許庁がそれぞれ制度

案の研究，検討を進めたが，同時に両省庁間で知的財産に関する連携体制が整備されていった。そのような中で，制度創設に関する研究会が開催され，研究会等を通じて相互の学習が行われ，一旦は，地域団体商標制度への上乗せ案ともいえる，特許庁に影響の少ない政策案で両省庁の合意がなされた。しかし，内閣法制局からの指摘や経済連携協定交渉におけるEU側の主張を踏まえ，行政関与の品質保証を重視した特別の保護制度案が農林水産省から再度提示され，両省庁の調整の結果，商標とは機能の異なる制度として合意・制度化された。あわせて，特許庁の強い主張を踏まえて，地理的表示と商標との関係については，地理的表示が登録されていても商標が登録可能というEUの制度とは異なる仕組みとなったことを整理した。このような分析を踏まえ，第6章では，2004年の制度創設失敗の事例と2014年の制度創設の事例とを，両省庁のアイディアをめぐる相互作用を中心として比較し，異なる政策帰結をもたらした理由として，農林水産省の政策アイディアの内容とその説得力，政策案の特許庁への影響度合い，両省庁間での討議の場の存在，国内的・国際的な外的状況，内閣法制局の指摘の影響を示した。

　以上のような，地理的表示保護をめぐる省庁間調整による政策決定の分析から明らかになった点は以下のとおりである。

　第1点目は，政策変化に与えるアイディアの持つ力である。地理的表示保護制度創設時においては，公的主体が品質等の特性を担保することにより付加価値向上を図るという政策アイディアが，EUの制度の詳細や実績の十分な分析の上に提案され，これが「道路地図」としての役割を果たした。検討段階で，方式に紆余曲折はあったものの，このアイディアは一貫して維持され，独自の地理的表示保護制度創設の大きな力となったと考えられる。これは，政策案の主要な要素が何であるかの検討が十分でなく，制度の必要性を説明する力の弱かった地理的表示保護制度創設断念時の検討と大きく異なる点である。同制度創設時の場合，研究機関を含めた事前の十分な調査，検討が，制度創設を可能とする大きな要因になった。第5点目として述べるように，EUとのEPA協定交渉上の必要性の影響はあったが，第5章5.（3）2）で述べたとおり，

協定締結上，国内の地理的表示を対象とする保護制度の創設は必須でなく，我が国の地理的表示保護制度の創設にアイディアの果たした役割は大きいものと考えられる。また，一時，地域団体商標制度の上乗せ案が検討されたことからわかるように，政策決定において，各省庁の所掌権限・利益の影響は小さくないと考えられるが，一方で，政策立案段階でアイディアが十分に検討され，説得力を持つ内容で提案されることの重要性が指摘できる。

　第2点目は，議論の場を通じた調整プロセスの重要性である。地理的表示保護制度創設時は，農林水産省と特許庁の間に，それまでの協力関係をベースに，議論を行う場が存在した。意見の異なる連合間では，相手を実際より信用できず，邪悪であるとみるデビルシフト（Sabatier and Weible，2007：194）が生じやすい。議論の場が存在したことは，これを抑えるとともに，合意に至る実質的な討議を可能とした。一定の時間をかけた，地域ブランド保護による付加価値向上の方策の在り方に関する討議を通じて，相互の理解が進み，政策変化につながっている。

　第3点目は，相手側に対する影響の程度や学習によって変わりにくい信念へ注意する必要性である。本事例では，知的財産制度を専門的に所掌する特許庁の組織的特徴も背景に，商品等を識別する私権は商標でカバーするという特許庁の強い考え方が見られ，その内容は，両省庁の討議を通じて地理的表示保護制度が創設された際においても，変化していない。両省庁間での調整を通じて合意が形成される場合，このような中心的な信念，これを背景とする利益に反する政策変化は困難と考えられる。これが政策帰結の方向や，制度化された具体的内容に影響を及ぼし，地理的表示が先行したときの取扱いについて，必ずしも合理的でない内容となっている。一方で，具体的課題への対応策としての政策手段に関する2次的信念については，比較的変化しやすく，品質保証を重視した特別の制度創設という政策変化につながっている。

　第4点目は，第1点目とも関連するが，内閣法制局の指摘の影響の大きさである。内閣法制局の指摘は，法制度の実効性や既存制度との整合性等の観点から，各省の専門的見地からの政策判断と考えられる部分にも及び得る。この場

合，政策アイディアが，国内外の実態や制度を踏まえて，内容面で十分な検討がされていない場合，内閣法制局の多方面からの指摘に対応することが困難である。この面でも，政策立案段階でアイディアが十分に検討され，説得力を持つ内容で提案されることの重要性が指摘される。なお，法案担当省庁が，内閣法制局へ説明のしやすさを考慮して内容を検討する状況が見られたが[1]，必要性に裏打ちされない形式面での対応は内閣法制局の審査にも必ずしも有効でなく，また，その内容が立案時の実態・課題に対し真に求められる内容となっているかには注意を要すると考えられる。

第5点目は，国内的状況や国際的状況との政策案の合致の必要性である。本事例の場合，自民党が政権に復帰する中で，農業の振興策，特に高いレベルの経済連携と国内農業・農村振興とを両立するための具体策が求められていたこと，EUとの経済連携協定の交渉において，EU側の要請に応えるため地理的表示を保護することが不可欠となっていたこと，といった状況の中で，キングダンの言う「政策の窓」が開き，この状況に最も的確に対応できる案として，それまで研究・議論を積み重ねてきた，品質保証の仕組みを設けた独自の地理的表示保護制度が選択されたと考えられる[2]。この際は，政策案と状況を結びつける上で，担当局長，課長，担当者などが，それぞれの立場で積極的な役割を果たしており，政策変化をもたらす上で，政策起業家の役割が重要であった。

（3）次に，第7章及び第8章では，政策手段としての地理的表示について分析した。第7章では，これまでとられてきた生産性向上施策を中心とする農業施策の経緯や，農業施策の中でとられてきた品質施策を整理した上で，農業政策の変化としての地理的表示保護制度の意義を検討した。また，政策手段の類型から見た分析を行い，現在の農業施策を概観した上で，政策手段を「規制」，「経済措置」，「情報」に3区分し，地理的表示保護の「情報」の政策手段としての位置付け・特徴や官民の役割分担を整理した。加えて，地理的表示保護制度と同様に，「情報」の政策手段である他分野の施策についても，同制度

との比較の観点から整理を行った。第8章では，地理的表示保護制度の実施に関して，登録の現状や制度への期待・効果を整理するとともに，これまでの制度の実施上生じた問題点等を整理し，今後の効果的な制度実施のため解決すべき課題を検討した。まず，本制度への登録については，基準に関する合意形成や品質管理体制の確立上の問題から，登録数が必ずしも多くないことを整理するとともに，価格上昇などの効果に期待が寄せられており，一部産品では，効果が現れてきていることを示した。また，制度が運用されていく中で，関係者の合意形成がなされず，登録内容に疑問が寄せられている事例が生じていることや，制度に登録されていることを示すGIマークの使用が任意化され，制度の認知度の向上や情報伝達に悪影響を及ぼすおそれがあることなど，制度実施上の課題が生じてきていることを整理した。

　以上のような，政策手段としての地理的表示保護の分析から明らかになった点は以下のとおりである。

　第1点目は，農政の変化の表れとしての地理的表示保護制度の意義である。戦後の農業政策の中心は規模拡大等による生産性向上施策であったが，農業の6次産業化への注目など農産物の付加価値向上施策が重視されるようになっており，地理的表示保護もそのような変化の中に位置付けられる。特に，同制度は，品質保証によって付加価値向上を図る仕組みであるが，従来の品質政策が全国一律の品質の平準化や高品質化を目指すものであったのに対し，地域ごとの独自性を強みとして差別化を図る点でも新しさがある。このような独自性を重視する流れは，その後のJAS制度の改正（特色JASマークの新設）にも表れている。

　第2点目は，「情報」という政策手段としての意義とこの手段がとられた理由である。政策手段を，「規制」，「経済措置」，「情報」に3区分した場合，地理的表示保護制度は「情報」の政策手段に該当する。本制度は，産品に関する情報を伝達することによって消費者の選択に働きかける点に特徴があるが，このような「情報」の政策手段は，生産サイドへの予算等の経済措置が減少し，また，生産・流通面での規制緩和が図られる中で，今後重要度を増していくも

のと考えられる。ここで，よいものを選択したいという消費者の私益に働きかけることが，産品への評価を高め，農業者の所得拡大・農業振興につながるという政策目的に合致することから[3]，本制度は導入されたと考えられ，「情報」という政策手段がとられる理由に関し先行研究で示された，私益が政府の利益と一致する場合（Vendung and van der Doelen, 1998：107-114）に該当していると考えられる。なお，農産物・食品という，品質が不確かな商品について情報という政策手段を講ずることは，販売者と購入者の情報の非対称性に対応するための保証，ブランド等の仕組みの必要性の指摘（Akerlof, 1970）からも裏付けられる。

　第3点目は，地理的表示保護制度における「情報」の特徴である。第1点目とも関連するが，地理的表示保護制度における「情報」は，全国一律の標準化された規格ではなく，地域ごとの事業者が定めた自主的基準を公的に確認したものであり，多様な基準（規格）となる。また，この確認を通じて，民間の取組を官が補完し，基準（規格）の信用力を高めるとともに，基準適合の担保についても官民協同で行い，基準どおりの産品が消費者に届くようにしている。このように，地理的表示保護は，多様な基準が設定されるとともに，基準設定及び基準適合の確認両面で官民協同の取組が行われるという点が，他の「情報」の政策手段と比べて特徴的である。この点は，多様な消費者ニーズに対応することが求められる一方，外観からでは品質や生産過程を把握することが困難で，情報の信頼度を高める必要性が高い農産物・食品分野に適合した仕組みと考えられる。なお，地理的表示以外の「情報」の政策手段においても，様々な官民協同の仕組みが講じられているが，それぞれの政策対象の内容に応じ，適切な方法を検討することが望まれる。この点については，更なる分析が必要と考えられる。

　第4点目は，効果的な地理的表示保護制度の実施に向けた課題である。これまでの登録数は多いとは言えず，制度の認知度も必ずしも高いとはいえない。一部産品では，価格上昇等の効果が表れているが，今後効果を十分に上げていくためには，制度の認知度の向上と産地による品質管理，PR等の取組が必要

である。また，制度が実施される中で，個別産品の登録をめぐり，地域に由来する品質という制度の基本的な考え方や地域の合意形成との関係で疑問が呈される事例が生じたが，こういった点に適切に対応し，制度に対する信頼を維持していくことが必要と考えられる。さらに，GIマークの使用の任意化により，制度の認知向上に支障が出るとともに情報提供機能の低下が懸念されるが，これに対し，効果的な情報提供手法を検討する必要があると考えられる。

　なお，本書では，「公的関与による品質保証・情報提供による付加価値向上」というアイディアを踏まえ政策化された地理的表示保護制度を，情報という政策手段の側面から分析しているが，地理的表示保護に関しては，それぞれの産品ブランドの振興方策・効果，このためのガバナンスの在り方，地域や文化，環境の持続性に与える影響など，解明すべき課題が多いと思われる。これらについては，今後の研究課題としたい。

　（4）本書では，（2）及び（3）で示した内容を明らかにしたが，この内容は，以下のような意義を持つものと考えている。

　第1点目は，我が国の地理的表示保護制度創設をめぐる政策過程についての新たな知見を提示したことである。地域団体商標制度創設及び地理的表示保護制度創設時の政策過程については，これまで断片的な内容が示されてはいるが，詳細な過程を分析したものは見当たらない。本書では，両省庁それぞれの検討や両省庁間の調整などの経過の詳細を追うとともに，その経過が創設された地理的表示保護制度にどのような影響を及ぼしたかを明らかにした。この点は，同制度の理解や今後の方向性を検討する上でも，重要な情報を提供したものと考えている。

　第2点目は，省庁間調整による政策決定，とりわけ，アドホックで，水平的性格が強く，相互に直接調整を行う場合の政策決定の要因について，新たな知見を提供したことである。セクショナリズムに関する先行研究等からは，このような場合，二省庁間のみでは合意が難しいことが示されているが，本書では，アイディアをめぐる相互調整の視点からの分析を行うことにより，二省庁

間の調整によって政策変化がもたらされる過程とその要因を明らかにした。あわせて，外部からの観察が難しい，内閣法制局と法案担当省庁との調整過程についても，その与える影響を明らかにしている。

　第3点目は，これまで必ずしも十分に研究が進んでいない「情報」の政策手段について，地理的表示保護制度という事例を通じて分析し，その意義や政策実施上の課題を明らかにしたことである。本書の内容が，地理的表示保護制度の効果的な実施だけでなく，今後，政策手段としての重要性が増すと思われる「情報」の政策手段に関し，有効な活用手法等を検討する上での一助となることが期待される。なお，地理的表示保護制度の効果的な実施については，次の政策的示唆の部分で詳しく検討する。

2．政策的示唆

　最後に，本書の結論から得られる政策的示唆を，省庁間調整による政策決定及び政策手段のそれぞれについてあげておきたい。

（1）省庁間調整による政策決定に関する示唆

　1で示したように，対等な二省庁間の調整の場面，及び内閣法制局との調整の場面の双方において，十分に政策アイディアが詰められていることが重要であった。省庁間では，同じ官僚組織の組織空間を共にする同士として基本的な「価値とイメージ」を共有しあう部分があり（今村都南雄，2006：93），現状・課題に対応できる十分に練られたアイディアとこれに基づく調整プロセスが，利害対立を超えた政策変化をもたらすと考えられる。現在，官邸主導の政策決定が進められる中で，仮に，各省庁における政策案の十分な検討が積み上げられていない状況が生じているとすれば問題であり，課題に真に対応できる政策としていくためにもアイディアの深化が重要と考えられる。

　一方で，アイディアが十分検討された場合であっても，その内容が，それぞれの組織が特に重要と考える内容（中心的信念）に関わる場合，政策は変化し

にくく，これが必ずしも合理的でない結果につながる場合があることが示された。この対応方策として，対立当事者以外の外部からの調整もあり得るが，本書で対象とした知的財産にかかわる問題などの専門性の高い分野では，外部からの調整は困難な点が多いと考えられる。それぞれの組織の持つ信念の悪影響が大きなものとならないよう，また，二省庁間の調整プロセスを円滑に進めるためにも，日頃からの人事交流，業務の連携など連携関係の強化が有効と考える。地理的表示保護制度創設後，農林水産省と経済産業省の人事交流が図られ，局長クラスをはじめ，知的財産保護分野の担当者レベルでの交流が行われているが，こういった取組は，今後，この分野で新たな問題が生じたときに，両者の議論を円滑化するものと思われる。

　また，内閣法制局審査との関係については，閣議に付される法律案は全て内閣法制局の審査を経る必要があるため（内閣法制局設置法第3条第1号），内閣法制局との調整は一定の垂直関係が埋め込まれた調整となることから，1で示したように内閣法制局の指摘を想定した検討が行われることとなる。しかし，これによって，実態にそぐわない形式的に法的整合性がとれた政策案が立案されることは避けなければならない[4]。このためには，既に述べたように政策案の十分な内容の詰めが不可欠なことは言うまでもないが，内閣法制局の支配といった指摘には，一定の審査過程が明らかにされ[5]，事後的に第3者の目が入るようにしていくことも重要であろう。

（2）効果的な政策実施への示唆

　これまで述べてきたように，地理的表示保護制度は，公的機関が関与した品質保証・情報提供により，付加価値の向上を図ることが大きな特徴であり，品質保証等のための措置が的確にとられることは，制度が効果を上げていく上で当然の前提である[6]。

　この項では，このような措置が的確にとられることを前提に，1で明らかにした課題等を踏まえ，効果的な地理的表示保護制度実施に向けた改善点として，①制度に対する認知度の向上，②地理的表示に関する情報伝達手法の再検

討，③地理的表示の基礎となる内容の再確認等による制度への信頼の維持，の
３点について考察する。

① 制度に対する認知度の向上

　効果の発揮のために認知度の向上が必要であるが，認知を高めるためには，
ブランドを繰り返し露出することでブランドのなじみを深めればよいとされる
（ケラー，2010：59）。この点から考えた場合，地理的表示登録産品数が100
程度にとどまり，特に全国的に流通する産品が限られていることは，消費者が
地理的表示登録産品を目にする機会が少ないことにつながり，認知度向上を図
る上で問題である。農林水産省では，現在，１都道府県最低１産品の登録を目
標に登録数の増加を図っているが，これを進めるため，第７章１で示した産地
ごとに異なる課題等に応じて，登録を促進するよりきめ細やかな対応が重要と
考えられる。現在も，地理的表示保護制度活用促進事業の中で，GI保護制度
活用支援窓口（GIサポートデスク）の設置により申請に対する支援が行われ
ているが，先行事例での対応方策に関する情報の取りまとめ・提供などを通じ，
サポート内容を強化していくことが重要と考えられる。

　また，GIマークの使用任意化により，制度の認知度が向上しない懸念があ
る。農林水産省は，マークの使用と啓発に努めるとしているが，今後マークの
使用状況等の把握を行った上で，GIマークが適切に使用されるよう，生産者
団体や流通業者に対する働きかけを強化する必要がある。さらに，GIマーク
以外でも，様々な手法を用いて，認知度を高めることが求められる。現在，地
理的表示保護制度活用促進事業の中で，地理的表示産品の紹介や制度の認知度
向上のための展示会の開催が行われているが，首都圏で年１回の開催にとどま
り，効果は限定的と考えられる。地理的表登録産品については，生産量が少な
く流通先が限定されているものも多いことから，当該産品を購入する消費者に
近いブロックごとに開催するなど，より効果的な手法を検討する必要がある。

② 情報伝達手法の充実など

　地理的表示保護制度は，単に民間事業者の知的財産を保護する仕組みではな
く，農産物の付加価値向上に向けた，「情報」という政府の政策手段である。

この点から，①でもふれた GI マークの使用任意化は，法に基づく管理システムにより基準適合が保証された産品であるという情報に関し，重要な伝達手法の機能を低下させたと考えられる。認知度向上の点からだけではなく，情報伝達の点からも，GI マークが適切に使用されるよう，実効ある対策をとる必要がある[7]。もちろん，GI マーク以外にも，農林水産省のホームページやメールマガジンなど政府としての情報伝達の方策は講じられている。しかし，その内容は，登録の事実や登録の基本的内容の紹介にとどまっている。「情報」という政策手段の効果的な実施のためには，受信者の「注意」が重要であり（城山，1998：268；Hood and Margetts，2007：47-48），受信者の問題意識との関連づけや状況に合わせた内容の調整が重要である。消費者の属性が多様である中で，地理的表示で表すことができる，高品質，地域独自性，伝統性，品質保証といった内容に関心が高いのは，一部の層であると考えられる[8]。2019年度からは，GI 情報発信委託事業が設けられ，国内外の事業者及び消費者に向けて，GI 産品の魅力を複数言語で発信することとされているが，どのような対象者をターゲットに，どのような内容を発信するか十分に検討する必要がある。

　また，産地による品質管理，PR 等の取組が経済的効果につながることが示唆されており，行政として，このような取組の促進を支援していくことが重要と考えられる。

③　「地理的表示」の基礎となる内容の再確認等による制度への信頼の維持

　第 8 章 2．（1）で述べたように，八丁味噌の地理的表示登録については，テロワールの考え方を無視しているといった制度運用への疑問が示されており，このことは，単に八丁味噌にとどまらず，地理的表示保護制度全体への信頼度の低下につながったおそれがある。情報がどのような効果を生むかは，情報受信者の政府への信頼度に左右されることが指摘されており，地理的表示保護制度が効果を上げていくためには，この案件に対して寄せられた疑問に丁寧に対応するとともに，テロワールの考え方に照らし，どのような地域と関連性のある産品が制度の対象となるか，より詳細な運用基準等を示し，地理的表示

産品が満たすべき内容について明確にしていくことが必要と考えられる。さらに，我が国制度では，EU の制度の PDO のように地域との関連性が特に強い産品名称を区別して登録する仕組みはないが，地理的表示保護制度研究会報告書骨子案で指摘されていたように[9]，地域との結びつきが特に強いものを区別して扱うことも検討課題と考えられる[10]。

　また，品質等の基準に関する関係者の合意がないまま登録が行われたが，社会的合意を欠く内容に対して，消費者の信頼が低下することが考えられる[11]。我が国の保護制度では，登録内容に異議がある場合に意見書の提出が認められているが（法第9条），その意見書を登録申請団体に送付することが定められているほかは，その後の扱いについて定めはない。一方，EU においては，異議申立がされた場合，異議申立が妥当なものであるかの確認，異議申立を行った者と登録申請者との間の原則3か月以内の協議の要請，関係者間で評価を行うための情報提供の義務づけ，合意できなかった場合の当該情報の欧州委員会への提出など，異議申立がされた場合の詳細な手続が定められている（EU 規則第51条）。関係者間で意見に相違がある場合に，より慎重に合意形成を促し，生産者間の足並みの乱れによって，消費者等の不信感を招くことがないようにするため，EU の取扱いも参考に，異議が示された場合の手続を明確化しておくことが必要と考えられる[12]。さらに，専門的・第3者的な意見を示すことにより，合意形成を促すことも重要と考えられる。フランスの INAO（原産地呼称全国機関）は，登録産品の明細書に関し，生産地域の範囲や生産基準について意見を述べることを任務の一つとしているが，こういった事例[13]を参考にしながら，関係者の合意を形成していく手法について検討する必要がある[14]。

　筆者は，これまでの実務経験の中で，法制度の創設・改正等をめぐって，特許権と同様に知的創造物に対して権利を与える育成者権（新品種の育成者の権利）の創設や，中小企業金融として行われてきた農産加工業への政策融資に関する，農業施策としての新資金の創設など，他省庁との政策調整による政策決

定にかかわることが多かった。このような中で感じたのは，政策案をめぐる省庁間の意見の交換，協議の積重ねを通じた政策決定過程の重要性であった。この際，政策対象の実態や国内外の既存制度を十分に把握した上で，検討が深められた政策案は，省庁間調整の中でも説得力を持っていた。本書では，省庁間調整による政策決定に関し，地理的表示保護制度創設の事例を通じて分析したが，この分析を通じ，政策アイディアの深化とアイディアをめぐる省庁間の相互作用によって，政策変化が行われる過程を示すことができたと考える。省庁間調整による政策決定については，セクショナリズムの観点から分析されることが多いが，アイディアをめぐる相互作用に着目することで，省庁間の関係をとらえなおすことが可能であり，また，合意形成を促進するため，アイディア自体の内容を充実させる重要性や，日頃から議論の場を設定すること等の重要性が示されたと考えている。

　また，本書では，「情報」という政策手段として，地理的表示保護制度を分析したが，「情報」の政策手段については，予算，人員等の政府の資源が制約され，また，強制的でない手法が望まれる中で，その重要性が増していくと考えられる。現在とられている「情報」の政策手段において，官民の役割分担，伝えられる情報の内容等は様々であるが，この手段が十分な効果を上げられるよう，それぞれの「情報」の内容，情報受信者に応じた効果的な実施方法の検討が重要と考える。

　特に，筆者も制度創設に加わった地理的表示保護制度については，農産物の高付加価値化に向けた有効な手法と考えられ，今後の農政の方向性の一つを表すものと考える。今後，本制度が十分な効果を上げていくためには，制度の実施状況の把握を進めつつ，本書で検討した課題への対応を含め，より的確な政策実施を図ることが必要であり，今後の施策の展開に期待したい。

注(1)　内閣法制局を意識した各省庁の行動については，政府各省庁が法制官僚への協調を余儀なくされ，その支配を許すことになるとする指摘（佐藤，1966：58）や，各省庁は原案作成段階において内閣法制局を意識して法案を起草し，審査を通過することを念頭に置いた自主規制が働かざるを得ないとする指摘（西川，2002：180）がある。

⑵　第5章注⑷のインタビューで，坂元課長は，EU との EPA 及び TPP 双方の交渉が進む中で，やるなら今年しかないという認識と，これまで積重ねによる準備がうまく合致した，うまくタイミングがあったということではないかと述べている。

⑶　第5章で整理したように，経済連携協定交渉における EU の要求に対応することも目的としていた。また，制度導入時点では，実際に付加価値向上の効果を上げるかどうかはっきりしていなかったことを踏まえれば，農業振興のための具体策が強く求められる中で，この課題に対する政府の取組を示すシンボリックな動機も考えられる。なお，Vendung and van der Doelen は，「情報」が十分な効果をあげない例が多いことが指摘される中でも「情報」の政策手段が使われる理由として，この手段のシンボリックな機能を指摘している（Vendung and van der Doelen, 1998：114-125）。

⑷　本書では十分な分析ができなかったが，内閣法制局審査は，専ら少数の者（内閣法制局は，担当参事官，担当部長，法制次長。説明側の省庁は，法案担当補佐，係長等少数者等）によって行われている。これによって，内容が個人的な要素に影響されたり，個人の大きな負担につながったりしていることが考えられ，どのような審査方法が適切なのか検討する必要があるように思われる。

⑸　情報公開法により，内閣法制局の審査記録は，閲覧・複写が可能となっている。

⑹　中嶋康博は，表示システムを維持していく上での問題点として，①フリーライダーへの対応，②逆選択への対応（表示と内容の厳密なチェック），③長期的なモラルハザードの問題，④流通ルートにおける不確実要因の混入，をあげている（中嶋，2004：155-156）。地理的表示保護制度においては，品質等の基準の策定と国による審査，生産者団体による基準遵守の確認と国によるチェック（毎年の報告書の提出と検査），基準違反の不正表示に対する取締り等の措置によってこのような問題に対応しており，これらの措置が適切にとられる必要がある。

⑺　これに関連して，地理的表示登録の対象が，中間的な製品（例：畳表）であって，消費者に販売される製品（例：畳）と異なる場合，消費者に目に触れる形で GI マークを使用することができないが，こういった場合に，どのように GI マークを活用するかの検討も必要であろう。

⑻　第8章1．（3）でふれたとおり，地理的表示に対する評価は消費者の属性により異なると考えられ，効果的な政策実施のためには，消費者の制度の認知や消費者の多様な属性に応じた評価などについて，詳細に分析する必要がある。この点については，今後の研究課題としたい。

⑼　研究会報告書骨子案では，生産，加工，調整の全てを特定の地域内で実施する産品については，地域との結びつきが特に強いと認められることから，特別に表彰するような運用上の仕組みを設けることも検討すべきとしていた。

⑽　例えば，現行法下においても，地域とのつながりの特に強い登録産品について，従来とは異なる GI マークを付することとすることなどは，省令等の運用レベルで対応可能ではないかと考えられる。

⑾　第2章でふれたとおり，新山は，原産地呼称について，原産地をめぐる産地，品質等に関する地域レベルの合意が，認可によって検証・正当化され，呼称を認証する規制的管理が信頼に結びつくと指摘する（新山，2000：52-56）。

⑿　特定農林水産物等審査要領別添4の農林水産物等審査基準においては，生産業者間で申請農林水産物等の評価に見解の相違がある場合は，生産業者間の話合いに要する合理的な期間を考慮して補正指示等を行うこととされている。なお，酒類の地理的表示については，運用上，原則として産地の範囲に製造場を有している全ての酒類製造業者が，適切な情報や説明を受けた上で，地理的表示として反対しないことが確認できた場合に行うこととされている（「酒類の地理的表示に関する表示基準の取扱いについて」第2章第2節1）。

⒀　国際貿易センターの作成した，地理的表示活用のガイドでは，生産地域について意見の相違があった場合の合意形成について，コロンビアコーヒーの事例に関し，生産者の話合いの促進とコロンビアコーヒー連盟による品質要因の科学的な分析を通じて，生産地域の確定が図られたことが分析されている（International Trade Centre，2009：97）。

⒁　本書では政府側が対応すべき点について考察しているが，登録及び登録後の維持に関する関係者の合意形成について，日欧の複数国におけるケーススタディにより，登録等の成功には異質な生産・加工業者の協力が重要であり，地理的表示について長い歴史のある国では自治のメカニズムと民主的な原則が確立されている一方，日本を含む歴史の浅い国ではそうではないことが指摘されている（Kizos et al.，2017：2875-2876）。地理的表示保護制度の定着を図る中で，どのような関係者の合意形成，参加の在り方が望ましいかは今後検討すべき課題と考えられる。

参考文献一覧

（日本語文献）

青木博文（2008）「地理的表示の保護と商標制度」『法学会雑誌』49（1）：51-81.

青木昌彦（2001）『比較制度分析に向けて』NTT 出版.

秋吉貴雄（2000）「政策変容における政策分析と議論－政策指向学習の概念と実際－」『日本公共政策学会年報：公共政策 2000』：1-13.

秋吉貴雄（2007）『公共政策の変容と政策科学－日米航空輸送産業における 2 つの規制改革－』有斐閣.

朝日健介（2015）「地理的表示法の制定」『時の法令』1973：30-46.

阿部泰隆（1997）『行政の法システム（上）[新版]』有斐閣.

荒木雅也（2005）「地理的表示保護制度の意義」『知財管理』55（5）：571-580.

荒木雅也（2014）「地理的表示の目的と役割」『時の法令』1962：60-69.

アリソン，G・P. ゼリコウ，漆嶋稔訳（2016）『決定の本質　キューバ・ミサイル危機の分析　第 2 版　Ⅰ・Ⅱ』日経 BP 社.

Allison, G. T., and P. Zelikow（1999）*Essence of Decision: Explaining the Cuban Missile Crisis (2nd ed.)*, Pearson Education.

猪口孝・岩井奉信（1987）『族議員の研究－自民党政治を牛耳る主役たち』日本経済新聞社.

伊藤成美・鈴木將文（2015）「地理的表示保護制度に関する一考察－我が国の地理的表示法の位置づけを中心として－」『知的財産法政策学研究』47：223-259。

井上誠一（1981）『稟議制批判論についての一考察－わが国行政機関における意思決定過程の実際－』行政管理研究センター.

今村都南雄（2006）『官庁セクショナリズム』東京大学出版会.

今村哲也（2005）「改正商標法における地域団体商標制度について」『知財管理』55（12）：1705-1720.

今村哲也（2006）「地域団体商標制度と地理的表示の保護－その予期せぬ保護の交錯」『日

本工業所有権法学会年報』30：274-300.

今村哲也（2013）「地理的表示に係る国際的議論の進展と今後の課題」『特許研究』55：14-30.

今村哲也（2016）「地理的表示法の概要と今後の課題について」『ジュリスト』1488：51-57.

今村哲也（2019）「地理的表示（GI）制度をめぐる現状と課題」『ジュリスト』1530：81-86.

植村梯明（2002）「評価高い公的品質表示」『ジェトロセンサー』2002年9月号：12-13.

江端奈歩（2011）「地理的表示の証明商標制度による保護の可能性について－地域団体商標制度との比較の観点から－」『知財権フォーラム』86：7-14.

大石裕（1990）「情報化政策の変遷－郵政省と通産省の競合を中心に－」『関西大学社会学部紀要』21（2）：145-161.

大町真義（2012）「FTA/EPA への多数国間知財問題の波及とその含意『AIPPI』57（10）：628-649.

大森彌（1986）「日本官僚制の事案決定手続き」『年報政治学　現代日本の政治手続き』岩波書店：87-116.

小川宗一（2008）「地域団体商標制度の趣旨と立法者の意思」『日本法学』74（2）：661-688.

尾島明（1999）『逐条解説　TRIPS 協定』日本機械輸出組合.

菊島良介・伊藤暢宏・内藤恵久・大橋めぐみ・八木浩平（2020）「消費者の認証制度等に関する認知と評価」『需要拡大プロジェクト【高付加価値化】研究資料　第1号』農林水産政策研究所：50-59.

北村喜宣（2009）「情報を用いた環境管理と環境行政の管理」『自治体環境行政第5版』第一法規：190-207.

京俊介（2009）「自律性と活動量の対立－コンピュータ・プログラム産業保護政策の所管をめぐる政治過程－」『年報政治学 2009 － I　民主政治と政治制度』：257-278.

京俊介（2011）『著作権法改正の政治学：戦略的相互作用と政策帰結』木鐸社.

キングダン，J.，笠京子訳（2017）『アジェンダ・選択肢・公共政策』勁草書房.

Kingdon, J. W.（2011）*Agendas, Alternatives, and Public Policies, Update Edition, with an Epilogue on Health Care (2nd ed.)*, Pearson Education.

ケラー，K. L., 恩藏直人監訳（2010）『戦略的ブランド・マネジメント第3版』東急エージェンシー.

Keller, K. L.（2008）*Strategic Brand Management (3rd ed.)*, Pearson Education.

香坂玲・梶間周一郎・田代藍・内山倫太（2018）「農林業分野における地理的表示の分析：産品の時間・空間的多層性と制度の関係性に着目して」『日本知財学会誌』15（1）：4-10.

小島浩司・城山英明（2002）「農林水産省の政策形成過程」城山英明・細野助博編著『続・中央省庁の政策形成過程－その持続と変容－』中央大学出版部：141-166.

小林哲（2019）「地域ブランド論における地理的表示保護制度の理論的考察」『フードシステム研究』26（2）：40-50.

小松陽一郎（2007）「第2条第1項第13号［品質等誤認惹起行為］」小野昌延編著『新・注解　不正競争防止法［新版］（上巻）』青林書院：591-674.

斎藤修（2011）「「地域ブランド」の実践的課題とは」岸本喜樹朗・斎藤修編著『地域ブランド作りと地域のブランド化』農林統計出版：29-52.

佐藤竺（1966）「司法官僚と法制官僚」『現代の法律家』岩波書店：44-60.

佐藤淳（2021）『國酒の地域経済学－伝統の現代化と地域の有意味化』文眞堂.

週刊ダイヤモンド（2013）「成長を抑制するJA（農協）」『週刊ダイヤモンド』2013年4月13日号：66-69.

シュミット・ヴィヴィアン（2009）「アイディアおよび言説を真摯に受け止める」小野耕二編著『構成主義的政治理論と比較政治』ミネルヴァ書房：75-110.

生源寺眞一（2014）『続・農業と農政の視野－論理の力と歴史の重み－』農林統計出版.

城山英明（1998）「情報活動」森田朗編『行政学の基礎』岩波書店：265-283.

城山英明（1999）「行政学における中央省庁の意思決定研究」城山英明・鈴木寛・細野助博編著『中央省庁の政策形成過程－日本官僚制の解剖－』中央大学出版部：65-86.

城山英明（2002a）「各省庁の政策形成過程における行動様式の類型化」城山英明・細野助博編著『続・中央省庁の政策形成過程－その持続と変容－』中央大学出版部：6-10.

城山英明（2002b）「各省庁の政策形成過程の特質の要約」城山英明・細野助博編著『続・中央省庁の政策形成過程－その持続と変容－』中央大学出版部：12-24.

須田文明（2003）「フランスの公的品質表示産品におけるガヴァナンス構造－競争規制によるラベルルージュ家禽肉の取扱いを中心に－」『農林水産政策研究』3：23-65.

須田文明（2014）「地域ブランド－ふたつの真正性について」桝潟俊子・谷口吉光・立川雅司編著『食と農の社会学』ミネルヴァ書房：71-88.

勢一智子（2010）「政策と情報」大橋洋一編著『BASIC 公共政策学第6巻　政策実施』ミネルヴァ書房：143-165.

関根佳恵（2015）「GI 制度はどのような役割を果たせるか」『農業と経済』81（12）：62-70.

曽我謙吾（2013）『行政学』有斐閣.

ダウンズ，A.，渡辺保男訳（1975）『官僚制の解剖』サイマル出版会.
　　Downs, A.（1967）*Inside Bureaucracy,* Little, Brown and Company.

高木善幸（2016）「［2015 年諸外国の動向］　Ⅲ　WIPO を巡る国際動向」『年報知的財産法』日本評論社：195-210.

高倉成男（2000）「地理的表示の国際的保護」『知財権フォーラム』40：20-32.

高橋梯二（2009）「フランス AOC 法」山本博・高橋梯二・蛯原健介『世界のワイン法』日本評論社：59-128.

高橋梯二（2015）『農林水産物・飲食品の地理的表示』農山漁村文化協会.

武本俊彦（2013）『食と農の「崩壊」からの脱出』農林統計協会.

田中佐知子（2014）「「地理的表示」の本質と制度整備における留意点」『AIPPI』59（4）：262-288.

田中佐知子（2014）「新たな地理的表示保護法案「特定農林水産物等の名称の保護に関する法律案」をめぐる要考慮点」『AIPPI』59（7）：506-522.

田丸大（2000）『法案作成と省庁官僚制』信山社.

知的財産研究所（2011）『地理的表示・地名等に係る商標の保護に関する調査研究報告書』知的財産研究所.

辻清明（1966）『行政学概論（上巻）』東京大学出版会.

辻清明（1969）『新版日本官僚制の研究』東京大学出版会.

特許庁総務部総務課制度改正審議室（2005）『平成17年商標法の一部改正　産業財産権法の解説』発明協会.

特許庁総務部総務課（2008）「知的財産分野における農林水産省と経済産業省の連携について」『特許研究』45：72-78.

特許庁（2009）『平成20年度商標出願動向調査報告書－地域団体商標に係る出願戦略等状況調査－』特許庁。

特許庁（2012）『特許行政年次報告書　2012年版』特許庁.

特許庁（2013）『平成24年度商標出願動向調査報告書－地域団体商標に係る登録後の活用状況調査－』特許庁.

特許庁（2018）『特許行政年次報告書　2018年版』特許庁.

内藤恵久（2012）「地理的表示と商標の関係に関する一考察」『行政対応特別研究［地理的表示］研究報告書　地理的表示の保護制度について－EUの地理的表示保護制度と我が国への制度の導入－』農林水産政策研究所：102-121.

内藤恵久（2013）「地理的表示の保護について－EUの地理的表示の保護制度と我が国への制度の導入－」『農林水産政策研究』20：37-73.

内藤恵久（2015a）『地理的表示法の解説』大成出版社.

内藤恵久（2015b）「地理的表示に関する国際的な保護ルールと国内制度－TRIPS協定と地域貿易協定の貿易ルール，国内制度のはざまで」林正徳・弦間正彦編著『『ポスト貿易自由化』時代の貿易ルール』農林統計出版農林統計出版：229-253.

内藤恵久（2019）「地理的表示保護制度を巡る国内外の状況」『フードシステム研究』26（2）：51-61.

内藤恵久・大橋めぐみ・八木浩平・菊島良介（2017）「全国地域ブランド産品の実態分析」『食料供給プロジェクト［地域ブランド］研究資料　第2号』農林水産政策研究所：19-42.

内藤恵久・大橋めぐみ・八木浩平・菊島良介（2018）「地域ブランド産品の現状と地理的表示保護制度活用に向けた期待・課題」『日本知財学会誌』15（1）：11-17.

内藤恵久・大橋めぐみ・飯田恭子・八木浩平・菊島良介（2020）「地理的表示保護制度の登録の効果及び今後の課題－登録産品のアンケート調査による分析－」『需要拡大プロジェクト【高付加価値化】研究資料　第1号』農林水産政策研究所：3-17.

中嶋康博（2004）『食の安全と安心の経済学』コープ出版.

新山陽子（2000）「食料システムの転換と品質政策の確立－コンヴァンシオン理論のアプローチを借りて－」『農業経済研究』72（2）：47-59.

新山陽子（2004）「食品表示の信頼性の制度的枠組み－規制と認証－」新山陽子編『食品安全システムの実践理論』昭文堂：136-161.

新山陽子（2015）「食品表示の情報機能，その規制と信頼性の確保」『農業と経済』81（12）：5-16.

西尾勝（1990）『行政学の基礎概念』東京大学出版会.

西尾勝（2001）『行政学［新版］』有斐閣.

西川伸一（2002）『立法の中枢　知られざる官庁　新内閣法制局』五月書房.

西川伸一（2004）「内閣法制局による法案審査過程－「政策形成過程の機能不全」の一断面として－」『政経論叢』72（6）：259-309.

日本国際知的財産保護協会（2012）『諸外国の地理的表示保護制度及び同保護を巡る国際的動向に関する調査研究』日本国際知的財産保護協会.

日本農業新聞編（1992）『農政大改革　「新しい食料・農業・農村政策の方向」（新政策）を徹底分析』日本農業新聞.

農林水産政策研究所（2012）『行政対応特別研究［地理的表示］研究報告書　地理的表示の保護制度について－EU の地理的表示保護制度と我が国への制度の導入－』農林水産政策研究所.

農林法規研究委員会編（加除式）『農林法規解説全集　食糧編』大成出版社.

農林法規研究委員会編（加除式）『農林法規解説全集　農林経済編3』大成出版社.

橋本正洋（2011）「地理的表示に関する知財戦略とそのための基盤整備」『知財権フォーラム』86：3-5.

林正徳（2015a）「ウルグアイ・ラウンド後の貿易ルールの形成と実施」林正徳・弦間正彦編著『『ポスト貿易自由化』時代の貿易ルール』農林統計出版：91-156.

林正徳（2015b）「貿易ルールの今後と日本の課題」林正徳・弦間正彦編著『『ポスト貿易自由化』時代の貿易ルール』農林統計出版：157-178.

ピアソン，P., 粕谷祐子監訳（2010）『ポリティクス・イン・タイム』勁草書房.

Pierson, P.（2004）*Politics in Time: History, Institutions, and Social Analysis,*

Princeton University Press.

平岡秀夫（1997）「政府における内閣法制局の役割」中村睦男・前田英明編『立法過程の研究－立法における政府の役割－』信山社：282-303.

Huges, J., 今村哲也訳（2010）「シャンパーニュ，フェタ，バーボン（2）：地理的表示に関する活発な議論」『知的財産法政策学研究』32：215-247.

Huges, J.（2006）*Champagne, Feta, and Bourbon: the Spirited Debate about Geographical Indications*, 58 Hastings L. J. 299.

Huges, J., 今村哲也訳（2011）「シャンパーニュ，フェタ，バーボン（3・完）：地理的表示に関する活発な議論」『知的財産法政策学研究』33：283-338.

Huges, J.（2006）*Champagne, Feta, and Bourbon: the Spirited Debate about Geographical Indications*, 58 Hastings L. J. 299.

法制執務研究会編（2018）『新訂　ワークブック法制執務　第2版』ぎょうせい.

牧原出（2009）『行政改革と調整のシステム』東京大学出版会.

松永和紀（2015）「機能性表示食品制度の概要と問題点」『農業と経済』81（12）：27-36.

マヨーネ，G.，今村都南雄訳（1998）『政策過程論の視座』三嶺書房.

Majone, G.（1989）*Evidence, Argument, and Persuasion in the Policy Process*, Yale University Press.

村上祐一（2016）『技術基準と官僚制』岩波書店.

村松岐夫（1994）『日本の行政』中央公論社.

茂串俊・五代利矢子（1984）「正確でわかりやすい法律作りを」『時の動き』昭和59年2月1日号：6-19.

森田朗（1988）『許認可行政と官僚制』岩波書店.

八木浩平・大橋めぐみ・菊島良介・内藤恵久（2018）「農産物ブランドにおける生産管理体制の構築に対する消費者評価－鹿児島県産黒豚を事例に－」『農林業問題研究』54（3）：96-102.

八木浩平・久保田純・大橋めぐみ・高橋祐一郎・菊島良介・吉田行郷・内藤恵久（2019a）「地域ブランド産品に対するブランド保護制度への期待と効果」『フードシステム研究』26（2）：74-87.

八木浩平・菊島良介・内藤恵久（2019b）「地理的表示保護制度への登録が熊本県産い草畳表の価格へもたらす影響—ヘドニック・アプローチによる解析—」『地域農林経済学会発表資料』（2019 年 10 月 26 日発表）.

八木浩平・菊島良介・大橋めぐみ・内藤恵久（2019c）「地域ブランド産品への小売りバイヤーによる評価」『フードシステム研究』26（4）：319-324.

山下一仁（2009）『「亡国農政」の終焉』KK ベストセラーズ.

（外国語文献）

Akerlof, G. A. (1970) The Market for "Lemons"：Quality Uncertainty and the Market Mechanism. *The Quarterly Journal of Economics* 84（3）：488-500

AND International (2012) *Value of Production of Agricultural Products and Foodstuffs, Wines, Aromatized Wines and Spirits Protected by a Geographical Indication (GI),* AND International.

Anderson, C. W. (1997) *Statecraft: An Introduction to Political Choice and Judgement,* John Wiley & Sons.

Brigham, J. and D. W. Brown (1980) Introduction, J. Brigham and D. W. Brown (eds.), *Policy Implementation: Penalties or Incentives?,* Sage, 7-18.

Cyert, R. M. and J. G. March (1992) *A Behavioral Theory of the Firm (2nd ed.),* Blackwell Publishers.

Derthick, M. and P. J. Quirk (1985) *The Politics of Deregulation*: Brookings Institution.

de Roest, K. and A. Menghi (2000) Reconsidering 'Traditional' Food: The Case of Parmigiano Reggiano Cheese. *Sociologia Ruralis* 40（4）：439-451.

Dolowitz, D. P. (2000) Policy Transfer: A New Framework of Policy Analysis, D. P. Dolowitz with R. Hulme, M. Nellis and F. O'Neill, *Policy Transfer and British Social Policy,* Open University Press, 9-37.

Etzioni, A. (1975) *A Comparative Analysis of Complex Organizations: On Power,*

Involvement, and Their Correlates, Free Press.

FAO and EBRD．（2018）*Strengthening Sustainable Food Systems through Geographical Indications*, FAO.

Fink, C. and K. Maskus（2006）The Debate on Geographical Indications in the WTO, R. Newfarmer（ed.），*Trade, Doha, and Development: A Window into the Issues*, The World Bank, 197-207.

Gangjee, D. S.（2017）Proving provenance? Geographical indications certification and its ambiguities, World Development, 98, 12-24.

Goldstein, J.（1993）．*Ideas, Interests, and American Trade Policy*, Cornell University Press

Goldstein, J. and R. O. Keohane（1993）Ideas and Foreign Policy: An Analytical Framework, J. Goldstein and R. O. Keohane（eds.），*Ideas and Foreign Policy*, Cornell University Press, 3-30.

Hassan, D. and S. Monier-Dilhan（2006）National Brands and Store Brands: Competition trough Public Quality Labels. *Agribusiness* 22（1）：21-30.

Herrmann, R. and R. Teuber（2011）Geographically Differentiated Products, J. L. Lusk, J. Roosen, and J. F. Shogren（eds.），*The Oxford Handbook of the Economics of Food Consumption and Policy*, Oxford University Press, 811-842.

Hood, C. C.（1983）*The Tools of Government*, Macmillan.

Hood, C. C. and H. Z. Margetts（2007）*The Tools of Government in the Digital Age*, Macmillan

International Trade Centre（2009）*Guide to Geographical Indications: Linking Products and Their Origins*, International Trade Centre.

Jenkins-Smith, H. C. and P. A. Sabatier（1993）The Dynamics of Policy–Oriented Learning, H. C. Jenkins-Smith and P. A. Sabatier（eds.），*Policy Change and Learning*, Westview, 41-56.

Jenkins-Smith, H. C. and P. A. Sabatier（1994）Evaluating the Advocacy Coalition Framework. *Journal of Public Policy* 14（2）：175-203.

Josling, T.（2006）The War on *Terroir*: Geographical Indications as a Transatlantic

Trade Conflict. *Journal of Agricultural Economics* 57 (3)：337-363.

Katuri Das (2010) Unresolved issues on geographical indications in the WTO, C. M. Correa (ed.), *Research Handbook on the Protection on Intellectual Property under WTO Rules,* Edward Elgar, 448-514.

Kizos, T., R. Kohsaka, M. Penker, C. Piatti, C.R. Vogl, and Y. Uchiyama (2017). The governance of geographical indications: Experiences of practical implementation of selected case studies in Austria, Italy, Greece and Japan. *British Food Journal* 119 (12)：2863-2879.

London Economics (2008) *Evaluation of the CAP Policy on Protected Designations of Origin (PDO) and Protected Geographical Indications (PGI),* London Economics.

Loureiro, M. L. and J. J. McCluskey (2000) Assessing Consumer Response to Protected Geographical Identification Labeling. *Agribusiness* 16 (3)：309-320.

March, J. G. and H. A. Simon (1993) *Organizations (2nd ed.),* Blackwell Publishers.

Raimondi, V., C. Falco, D. Curzi and A. Olper (2020). Trade effects of geographical indication policy: The EU case. *Journal of Agricultural Economics* 71 (2)：330-356.

Rose, R. (1991) What is Lesson-Drawing?. *Journal of Public Policy* 11 (1)：3-30.

Sabatier, P. A. (1988) An Advocacy Coalition Framework of Policy Change and the Role of Policy-Oriented Learning Therein. *Policy Sciences* 21：129-168.

Sabatier, P. A. amd C. M. Weible (2007) The Advocacy Coalition Framework: Innovations and Clarifications, P. A. Sabatier (ed.), *Theories of the Policy Process (2nd ed.),* Westview Press, 189-220.

Schmidt, V. A. (2008) Discursive Institutionalism: The Explanatory Power of Ideas and Discourse. *Annual Review of Political Science* 11：303-326.

Schmidt, V. A. (2011) Reconciling Ideas and Institutions through Discursive Institutionalism, D. Béland and R. H. Cox (eds.), *Ideas and Politics in Social Science Research*, Oxford University Press, 47-64.

Sylvander, B., A. Isla and F. Wallet (2011) Under what conditions geographical indications protection schemes can be considered as public goods for sustainable development?, A. Torre and J. B. Traversac (eds), *Territorial governance,* Physica

Verlag, 185-202

Teuber, R., S. Anders and C. Langinier (2011) The Economics of Geographical Indications: Welfare Implications, *Working paper 2011-6,* Structure and Performance of Agriculture and Agri-products industry Network.

van Ittersum, K., M. T. G. Meulenberg, H. C. M. van Trijp and M. J. J. M. Candel (2007) Consumers' Appreciation of Regional Certification Labels: A Pan-European Study. *Journal of Agricultural Economics* 58 (1)：1-23

Vendung, E. (1998) Policy instruments: Typologies and Theories, M. Louse, B. Videc, R. C. Rist, and E. Vendung (eds.), *Caroots, Sticks & Sermons,* New Brunswick, 21-58.

Vendung, E. and F. C. J. van der Doelen (1998) The Sermon: Information Programs in the Public Policy Process-Choice, Effects, and Evaluation, M. Louse, B. Videc, R. C. Rist and E. Vendung (eds.), *Caroots, Sticks & Sermons,* New Brunswick, 103-128.

Weiss, J. A. (2002) Public Information, L. M. Salmon (ed.), *The Tools of Government: A Guide to the New Governance,* Oxford University Press, 217-254.

以上にあげた文献のほか，以下の団体等のウェブページを参照している。詳細な情報は，本文の脚注に記載している。

岡崎市 (https://www.city.okazaki.lg.jp/)，経済産業省 (https://www.meti.go.jp/)，国立公文書館 (https://www.digital.archives.go.jp/)，国立国会図書館 (http://warp.ndl. go.jp/)，首相官邸 (https://www.kantei.go.jp/)，総務省 (http://www.soumu.go.jp/)，特許庁 (https://www.jpo.go.jp/)，内閣官房 (https://www.cas.go.jp/)，農林水産省 (http://www.maff.go.jp/)，八丁味噌協同組合 (https://www.hatcho.jp/)，民主党アーカイブ (http://archive.dpj.or.jp/)，CCFN (http://www.commonfoodnames.com/)，European Commission (https://ec.europa.eu/ ; https://trade.ec.europa.eu/)，INTA (https://www.inta.org/)，USTR (https://ustr.gov/)，WIPO (https://www.wipo. int/)，WTO (https://www.wto.org/)。

図 一 覧

表 一 覧

インタビューリスト

　以下の関係者インタビューを行っている（50 音順）。なお，インタビューに基づく記述については，本文の脚注に示している。

坂勝浩氏（元農林水産省食料産業局新事業創出課長）へのインタビュー
　（2019 年 8 月 9 日）。

高橋仁志氏（元農林水産省総合食料局食品産業企画課補佐）へのインタビュー
　（2019 年 5 月 14 日）。

花木出氏（元特許庁総務部総務課制度改正審議室長）へのインタビュー
　（2019 年 9 月 26 日）。

元農林水産省担当者へのインタビュー（2019 年 5 月 17 日，匿名条件）。

あ と が き

　私が「地理的表示」の考え方に出会ったのは 2004 年のことである。当時私は，総合食料局総務課調査官として，卸売市場法の改正案の国会提出作業を終えた後，併任先の消費・安全局で，高病原性鳥インフルエンザに対応するための家畜伝染病予防法改正案の策定作業に取り組んだ直後であった。連続した二つの法律案の策定作業で疲労困憊していたため，地理的表示保護制度の検討を手伝ってほしいといわれた時は，あまり乗り気がしなかった。勉強を始めたが，商標に類似する点はあるものの，全く異なる点もあり，どうとらえていいかよくわからないというのが第一印象だった。勉強不足で内容を十分とらえられないまま，一月足らずで内閣法制局参事官を命じられ，農林水産省が検討する法律案を審査する立場になった。その後のことは本書で触れたところであるが，農林水産省からの保護制度の検討案の説明を聞いても，内容がはっきりせず，立法上の問題も多いと考えていたところ，省庁間の調整の問題もあり，制度検討は長く中断することとなった。

　私が，その後長期間にわたって地理的表示に関わるようになったのは，この際の「なぜ，うまくいかなかったのだろうか。何とかして，我が国の農業にも役立ちそうなこの制度を創設することはできないだろうか。」という思いに起因している。その後，農林水産政策研究所に異動となり，地理的表示保護制度について，基本的部分から，じっくりと情報収集し，考える時間を持つことができた。行政の担当部局とも協力し，EU の保護制度を中心に，テロワールと品質保証という保護の基本的考え方，制度や運用の詳細，保護の効果，我が国の現状と制度導入の必要性・課題等を調査し，取りまとめたが，この内容は，制度創設にも一定の貢献ができたものと考えている。

　その後も，地理的表示を中心とした研究を進めていたが，行政出身で，研究手法をきちんと学習したことのないこともあり，行政時代のやり方と同様，ある案件に関して「現状，課題，対応策」をまとめる内容になっていたように思

う。こういった内容は，行政を進める上では参考になるものと考えているが，新しい何かを明らかにする「研究」としてとらえた場合，不十分な点があるとの感じを抱いていた。

このような状況で，今後の研究の方向に悩んでいたところ，当時の当研究所出田安利次長から，行政官国内研究員制度を使って博士の学位取得を目指したらどうかと提案いただいた。これまでの実務経験を活かして研究に取り組む「政策研究大学院大学政策プロフェッショナルコース」を希望し，2017年4月に入学を認めていただいた。同コースでは，専攻した公共政策学のほか，ミクロ経済学や数量分析の基礎，研究の方法論など，これまで十分な知識を持っていなかった分野も教授いただき，研究を行う際の道具箱を充実することができた。特に主指導教員になっていただいた飯尾潤先生には，政策決定，実施，政策手段など政策過程に関する幅広い内容とともに，事例研究等の研究手法について詳細に教えていただいた。この年の同コースの受講者は1名であり，まさにマンツーマンで，先生と議論を行いつつ学ばせていただいたことは，大変ではあったが，その後，論文をまとめる上で大きな力となった。

講義の履修と並行して，論文の作成に取り掛かったが，通常，博士課程初年度末に行われる論文提出資格審査試験を前にして，壁に突き当たった。地理的表示についていろいろと整理していたが，この地理的表示という事例を用いて何を明らかにしたいのか，わからなくなってしまったのだ。結局，試験を延期していただき，ゆっくり考えさせていただくこととなった。当初は何も手につかない状態だったが，地理的表示を離れ，大学院で学んだ内容を簡単なことから学び直していくうちに，内容が少しずつつながり始めた気がした。そういった試行錯誤をしている中で，様々な政策決定論を踏まえ，省庁間調整を少し違う視点から分析し，地理的表示保護制度の創設が失敗・成功した理由を明らかにできないか，また，これまでの農政でとられてきた政策手段とは異なる新しい手段としての意義を明らかにできないかという問題意識が固まった。これが決まった後は，ある程度順調に作業が進み，半年遅れの論文提出資格審査試験を終え，一章ずつ書き進めていった。その間，公表資料だけでは把握できない

部分については，農林水産省及び特許庁の当時の担当者の方からお話を伺うことができた。省庁間調整の経過などは公表資料として残されないことが多く，インタビューに快く応じていただけた方々の御協力があってこそ，この論文を作成することができたものと，深く感謝している。

　論文作成に当たって，飯尾先生には，草稿段階から論文完成まで，折に触れて的確な御指摘と温かい励ましをいただいた。また，副指導教員の竹中治堅先生をはじめ，黒澤昌子先生，中央大学の木立真直先生には，論文の審査を通じて，多くの貴重な御指摘をいただいた。論文最終版（『農産物・食品の地理的表示－省庁間調整による政策決定と新しい政策手段としての意義－』）を提出し，2020年3月に学位を認めていただいた際は，非常に安堵したことを思い出す。結果的に，地理的表示に取り組むようになった当初の自らの思いに，ある程度対応したものになったように思う。

　この学位論文に，第8章の産地アンケート結果部分の追加など，一部加筆・修正して取りまとめたものが本書である。研究叢書として刊行するに当たり，匿名レフリー2名の方から貴重な御助言をいただいた。また，編集委員会や広報資料課の方々から，大変な御助力をいただいた。博士論文及び本書の作成に当たり，以上にお名前をあげさせていただいた方々以外にも，多くの方々から様々なお力添えをいただいた。深く感謝を申し上げたい。

　なお，本書は，地理的表示保護制度を，主に省庁間調整による政策決定の観点と情報という政策手段の観点から分析している。一方，地理的表示保護に関しては，このほかにも，具体的な産品に即した地理的表示の活用方策や効果，このためのガバナンスの在り方，地域や文化，環境の持続性に与える影響など，解明すべき課題が多いと思われる。これらの課題は，地理的表示保護制度を定着させ，政策の効果を上げていくためには，今後ますます重要になってくると思われる。このような課題も含め，読者の皆様の御意見，御助言をいただきながら，地理的表示に関し今後も研究を深めていければと考えている。

　2022年3月

著者

筑波書房からの刊行に当たってのあとがき

　本書の刊行に当たり、筑波書房社長である鶴見治彦氏への感謝の意を表したい。

　農林水産政策研究叢書刊行後、一般書籍としての刊行が難航していが、同氏は、本書の内容を刊行すべき内容と評価していただき、刊行を決断いただいた。

　本書を、幅広い方を対象に世に送り出すことができたのは、鶴見社長の様々な御尽力のおかげである。ここに改めてお礼を申し上げたい。

2022年9月

著者

著者紹介

内藤 恵久（ないとう よしひさ）
1964年生まれ、愛知県出身
1987年東京大学法学部卒業、同年農林水産省入省
大分県農政部次長、総合食料局総務課調査官、内閣法制局第4部参事官等を経て、2009年より農林水産政策研究所
2020年政策研究大学院大学博士課程（政策プロフェッショナルプログラム）修了、博士（政策研究）
現職　農林水産政策研究所食料領域上席主任研究官

主な著書
『新しい品種登録制度のあらまし』（地球社、1999年）
『逐条解説　農地法』（共著）（大成出版社、2011年）
『地理的表示法の解説』（大成出版社、2015年）
『農林漁業の産地ブランド戦略』（共著）（ぎょうせい、2015年）
『『ポスト貿易自由化』時代の貿易ルール』（共著）（農林統計出版、2015年）
『逐条解説　農業協同組合法』（共著）（大成出版社、2017年）

地理的表示の保護制度の創設
—どのように政策は決定されたのか—

2022年9月30日　第1版第1刷発行

著　者◆内藤　恵久
編　集◆農林水産政策研究所
発行人◆鶴見　治彦
発行所◆筑波書房
　　　　東京都新宿区神楽坂2-16-5　〒162-0825
　　　　☎ 03-3267-8599
　　　　郵便振替 00150-3-39715
　　　　http://www.tsukuba-shobo.co.jp

定価はカバーに表示してあります。

印刷・製本＝中央精版印刷株式会社
ISBN978-4-8119-0635-5　C3061
ⓒ 2022 printed in Japan